建筑装饰装修施工组织设计
（第2版）

主　编　任雪丹　曹雅娴

副主编　王　丽　贾鹏里

参　编　何晓宇

主　审　李仙兰

北京理工大学出版社

BEIJING INSTITUTE OF TECHNOLOGY PRESS

内 容 提 要

本书为"十三五"职业教育国家规划教材修订版。全书共分6个任务，包括：认识建筑装饰单位工程施工组织设计、编制施工组织设计文件、编制进度计划——横道图、编制进度计划——网络图、掌握装饰装修工程施工招标投标、建筑装饰装修施工项目管理。为了让读者更好地掌握这些知识，同时也为了适应高等教育的特点，书中加入了大量案例和实训训练。

本书可作为高等院校建筑装饰工程技术专业教材，也可作为建筑装饰施工培训和资格考试培训的参考书。

图书在版编目（CIP）数据

建筑装饰装修施工组织设计 / 任雪丹，曹雅娴主编
. --2版. --北京：北京理工大学出版社，2023.1
　ISBN 978-7-5763-1008-5

　Ⅰ.①建… Ⅱ.①任… ②曹… Ⅲ.①建筑装饰—工
程施工—施工组织—设计 Ⅳ.①TU767

中国版本图书馆CIP数据核字（2022）第028444号

出版发行 / 北京理工大学出版社有限责任公司

社　　　址 / 北京市海淀区中关村南大街5号

邮　　　编 / 100081

电　　　话 / （010）68914775（总编室）

　　　　　　（010）82562903（教材售后服务热线）

　　　　　　（010）68944723（其他图书服务热线）

网　　　址 / http://www.bitpress.com.cn

经　　　销 / 全国各地新华书店

印　　　刷 / 北京紫瑞利印刷有限公司

开　　　本 / 787毫米×1092毫米　1/16

印　　　张 / 11.5

插　　　页 / 12　　　　　　　　　　　　　　　　　　　　责任编辑 / 钟　博

字　　　数 / 292千字　　　　　　　　　　　　　　　　　文案编辑 / 钟　博

版　　　次 / 2023年1月第2版　2023年1月第1次印刷　　　责任校对 / 周瑞红

定　　　价 / 82.00元　　　　　　　　　　　　　　　　　责任印制 / 边心超

第2版前言

"建筑装饰装修施工组织设计"是建筑装饰工程技术专业的核心课程，是一门综合性极强的课程，一般在大三年级开设。学习这门课程，需要掌握建筑装饰材料、建筑装饰施工、BIM技术、建筑装饰施工图绘制等知识。这门课程会作为后续课程"综合实训"的主要组成部分。本书即是针对该课程编写完成，可以作为高等院校建筑装饰工程技术专业的核心教材，也可以作为建筑室内设计、环境设计(职业本科)、建筑装饰材料技术、展示艺术设计、新型建筑材料技术等专业的教材，同时还可作为技术工人培训参考书教材。

本书于2019年1月出版第一版，2020年获评"十三五"职业教育国家规划教材。修订后的教材，具有以下特点：

1. 根据最新行业标准、规范、法规，对内容进行了更新。

党的二十大报告指出，"全面建成社会主义现代化强国，总的战略安排是分两步走：从二〇二〇年到二〇三五年基本实现社会主义现代化；从二〇三五年到本世纪中叶把我国建成富强民主文明和谐美丽的社会主义现代化强国。" 到二〇三五年，我国发展的总体目标包括"广泛形成绿色生产生活方式，碳排放达峰后稳中有降，生态环境根本好转，美丽中国目标基本实现；" 从2017年至今，建筑装饰装修行业各类标准、规范的修订近40项；建筑装饰工程技术专业的国家教学标准也进行了修订；与本课程相关的《绿色建筑评价标准》（GB/T 50378—2019）、《建设工程项目管理规范》（GB/T 50326—2017）已经修订完毕；招标投标领域修订或出台了10多个相关法律法规。因此，第2版教材修订时，将书中所涉内容进行了更新和替换。

2. 融入"1+X"证书、BIM技术、"岗课赛证"内容。

党的二十大报告指出，办好人民满意的教育，"推进教育数字化，建设全民终身学习的学习型社会、学习型大国。" 实施就业优先战略，"健全终身职业技能培训制度，推动解决结构性就业矛盾。"第2版教材修订，考虑了近几年教学改革的要求，融入了相应"1+X" 证书内容，如场布采用BIM完成；与《"十四五"建筑业发展规划》相匹配，将数字化施工、绿色施工、信息化智能化管理等融入教材内容中；融通"岗课赛证"，将全国职业院校技能大赛《建筑装饰技术应用赛项》比赛内容、施工员岗位、建造师职业资格等内容融入教材内容中。

3. 更新了教学案例与教材资源，增加了思政内容。

本次修改，在原第1版教材基础上，教材更新和补充了部分施工组织设计实例内容，将书中部分教学数字资源进行了更新，补充了思政内容，将思政与专业、课程相结合，融入家国情怀、工程伦理、职业意识，工匠精神等思政元素。

本书适应项目式教学，共6个任务，由内蒙古建筑职业技术学院任雪丹、曹雅娴担任主编，内蒙古建筑职业技术学院王丽、贾鹏里担任副主编，内蒙古建筑职业技术学院何晓宇参与了本书的编写工作，行业企业专家参与研讨并提供部分工程实际案例。具体编写分工如下：任务1、任务2由任雪丹编写，任务3、任务5由曹雅娴编写，任务4由贾鹏里、何晓宇共同编写，任务6由王丽编写。书中所有插图均由贾鹏里绘制，所有实训和案例均由任雪丹编写。内蒙古兴泰建设集团有限公司马政，呼和浩特市城发供热有限责任公司林广杰，中房新雅建设有限公司内蒙古分公司、内蒙古自治区建筑业协会专家委员会副主任翟慧泉供了部分案例，在此一并表示感谢。本书由内蒙古建筑职业技术学院李仙兰担任主审，李仙兰教授对本书提出了许多宝贵意见，在此表示衷心的感谢。

本书在编写过程中，参考和引用了国内外大量文献资料，在此表示感谢。由于编者水平有限，书中难免存在不足和疏漏之处，敬请各位读者批评指正。

编　者

第1版前言

随着科技的进步和知识的更新，同时由于高等院校课程的改革，以及新技术、新施工方法的使用（如BIM技术、装配式建筑、绿色建筑），原有的教材已不能满足现代教学的要求，因此，为了更好地适应现代社会的需求，我们特组织编写了《建筑装饰装修施工组织设计》一书。

通过以前的教学经验可知，同学们在学习这门课程时，遇到的最大问题是不知道如何学习，也不知道这门课程的知识如何与实践接轨。因此，本书中加入了大量的实训和案例，教师可根据不同班级学生的不同程度，自行选择练习量，以掌握知识为宜。

本书由内蒙古建筑职业技术学院任雪丹、曹雅娴担任主编，内蒙古建筑职业技术学院王丽、贾鹏里担任副主编，内蒙古建筑职业技术学院何晓宇参与了本书部分章节的编写工作。全书共分6章，具体编写分工如下：第1章、第2章由任雪丹编写，第3章、第5章由曹雅娴编写，第4章由贾鹏里、何晓宇共同编写，第6章由王丽编写。书中所有插图均由贾鹏里绘制，所有实训和案例均由任雪丹编写。全书由内蒙古建筑职业技术学院李仙兰主审，李仙兰教授对本书的编写提出了许多宝贵意见，在此表示衷心的感谢。

本书在编写过程中，参考和引用了国内外大量文献资料，在此谨向原书作者表示感谢。由于编者水平有限，书中难免存在不足和疏漏之处，敬请各位读者批评指正。

编　者

目 录

任务1 认识建筑装饰单位工程施工组织设计

教学目标

通过单位工程施工组织设计实例学习，对建筑装饰施工组织设计内容组成有一定的认知，了解施工组织设计对施工过程的指导性以及施工中的地位和作用，为以后的编制打下基础。

教学要求

了解建筑装饰施工组织设计的概念、作用；掌握建筑装饰施工组织设计的分类；熟悉建筑装饰施工组织设计的案例。

施工组织设计是指对拟建的工程项目，在开工前针对工程本身的特点和工地具体情况，按照工程的要求对所需要的施工劳动力、施工材料、施工机具和施工临时设施，经过科学计算、精心比较及合理安排后编制出一套在时间上和空间上进行合理施工的战略部署文件。

说课

施工组织设计根据编制的广度、深度和作用的不同，可分为施工组织总设计、单位工程施工组织设计、分部（分项）工程施工组织设计三类。

（1）施工组织总设计是以整个建设工程项目为对象而编制的。它以施工总承包单位为主，邀请建设、设计、施工等分包单位共同参加编制，是对整个建设工程项目施工的战略部署，是指导全局性施工的技术和经济纲要文件。

工程论理一青
铜峡水利枢纽

（2）单位工程施工组织设计是以群体工程，即一家宾馆、一栋写字楼、一个高级公寓建筑小区或一条街道作为施工组织对象而编制的，是在施工组织总设计的指导下，由直接组织施工的单位根据施工图设计进行编制，用以直接指导单位工程的施工活动，是施工单位编制分部（分项）工程施工组织设计和季、月、旬施工计划的依据。单位工程施工组织设计根据规模和技术复杂程度不同，其编制内容的深度和广度也有所不同，一般来说要求内容全面，而且还必须包括建筑结构（改造工程）、装饰、水、暖、电、卫、风的设备安装等全部内容。如果装饰施工单位仅承包装饰项目或没有水、暖、电、卫、风等专业施工能力，则必须与总包单位协作，根据具体的工程情况与总包单位商定分工，合作完成单位装饰工程的施工组织设计的编制工作。

（3）分部（分项）工程施工组织设计是针对某些特别重要的、技术复杂的，或采用新工艺、新技术施工的分部(分项)工程编制的,如屋面琉璃瓦工程、外立面装修工程等。其内容具体、详细,可操作性强,是直接指导分部(分项)工程施工的依据,也是技术交底的依据。

按照施工组织设计分类不同,施工组织设计的作用也不尽相同。具体如下:

(1)施工组织总设计是建设单位或主管部门编制基建计划的参考依据;是施工单位编制单位工程施工组织设计的指导控制性文件;是开展项目施工、组织物资供应、安排生产和生活基地的主要依据。

(2)单位工程施工组织设计是报批开工、备工、备料、备机、申请预付工程款的基本文件;是施工单位开展施工,检查控制工程进展情况的重要文件;是施工队安排施工作业计划的主要依据;是建设单位配合施工和工程监理、拨付工程款项的基本依据。

(3)分部工程施工组织设计的作用是完善、细化单位工程施工组织设计,便于施工单位成本控制。

施工组织设计文件是投标文件的重要组成部分,所以,施工组织设计应在购买招标文件及设计图纸后开始编制。中标后,投标文件中的施工组织设计部分,尤其是质量、工期、安全等应按文件执行。但这一阶段的施工组织设计文件比较粗,不能完全指导现场施工,故在正式开工前,施工单位应在原有文件的基础上进行深入和细化,同时,将修改的施工组织设计文件报送监理工程师审批,经监理工程师同意后才能施工。

某单位工程施工组织设计实例(节选)

背景:本工程是位于某市繁华街道的框架结构高级办公写字楼。某公司通过招标承揽了该工程的玻璃幕墙装饰工程。以下即该公司技术人员在进驻施工现场后编制的施工组织设计文件,且已通过监理工程师审批。

《幕墙工程施工组织设计》目录

一、工程概况

(一)关于幕墙类型说明

(二)关于幕墙性能说明(略)

(三)本工程主要材料说明(略)

二、施工部署

(一)工程项目部的人员配备和职责分工

(二)质量、成本、工期和进度控制目标

(三)环保、安全、文明施工控制目标

(四)与业主、监理、总包等的配合协调及交叉施工

(五)施工现场临时用水和临时用电的计算(略)

三、施工方案

(一)施工方法的选择

(二)施工段划分及施工顺序

大国工程—
九绵高速公
路施工管理纪实

一、工程概况

    ×××大厦是由内蒙古×××有限公司投资,浙江省建设×××集团承建的高级办公写字楼。其位于×××市中山东路,总建筑面积为×××m²,建筑高度为 104.67 m(至 24 层楼顶),其中地下 2 层;结构类型为钢筋混凝土框架-剪力墙结构;设计单位为×××建筑设计院。

    本工程外装饰以玻璃幕墙为主,同一金色系的不同质感透露着自然典雅,为充分适应多种幕墙的细部变化,所有受力结构以框架结构体系为主。幕墙最大高度为 104.67 m,幕墙工程总面积约为 24 000 m²。幕墙抗震设防烈度按 8 度设防。

    幕墙施工过程可分为加工锚固件、框架安装、板块安装、清洁收尾四个阶段。外墙施工使用脚手架,各施工段组织流水施工作业。

(一)关于幕墙类型说明

    幕墙工程包括 6T+12A+6T 双钢化金色低反射镀膜及 6T+12A+6T(防火)双钢化中

空隐框玻璃幕墙；西、北两侧入口处为 10T＋1.52PVB＋10T 钢化透明夹胶玻璃雨篷；各种形式分布位置详见施工图纸。

本工程所采用隐框玻璃幕墙的特点：施工手段灵活，经过多个工程实践检验，工艺成熟，是目前采用较多的幕墙结构形式；主体结构适应能力强，安装顺序不受主体结构的影响；采用密封胶接缝处理，水密性、气密性好，具有较好的保温、隔声、降噪能力，具有一定的抗层间位移能力。

(二)关于幕墙性能说明(略)

(三)本工程主要材料说明(略)

二、施工部署

(一)工程项目部的人员配备和职责分工(略)

(二)质量、成本、工期和进度控制目标

(1)质量目标。本工程的设计和施工将严格执行国家和行业颁布的有关现行设计与施工规范及标准。

(2)成本控制。幕墙构件的加工均在公司加工厂内批量生产，提高了构件的加工精度，从而保证了现场的安装质量和速度，降低了工程成本；公司选派了经验丰富的项目领导班子，加强现场的施工管理工作，在保证工程质量的前提下，完成对工程成本的控制。

(3)工期和进度。遵照业主和总包方对工程总体工期的要求，我公司保证在施工条件具备的情况下，于 2017 年 5 月 25 日进场，于 2017 年 8 月 8 日完工，各分项工程详见网络进度计划图(图 1-1)。

(三)环保、安全、文明施工控制目标

(1)环保控制。本工程幕墙大面积采用(6＋12A＋6)mm 中空镀膜玻璃。该玻璃具有多项优点，如高节能、高采光、防结露、防紫外线、色调高雅、较高的降噪比等。

(2)安全目标。确保安全达标，做到重大安全事故为零，遵守安全生产有关规定，正确使用安全防护配备设施，并服从总包方对安全的统一管理。

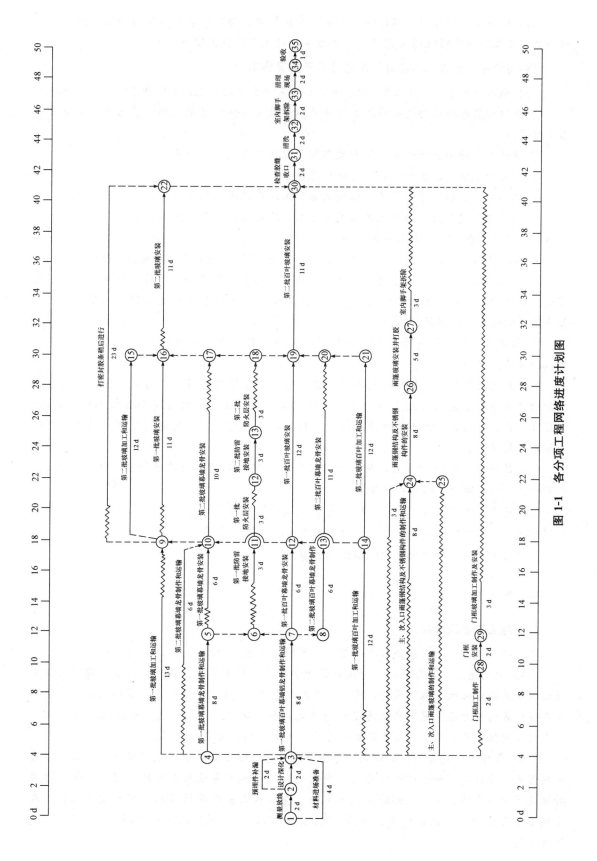

图 1-1 各分项工程网络进度计划图

(3)文明施工。必须做到临时设施齐全、布置合理、场地干净；现场材料堆放整齐、标识清楚；作业现场能够做到工完场清，不遗弃垃圾废料在施工现场。

(四)与业主、监理、总包等的配合协调及交叉施工

(1)提供满足我方现场施工用的水、电、道路和办公生活设施，协助办理进场施工手续。

(2)提供经监理确认的有关结构工作面的测量报告文件和建筑结构的基准点、基准线及水平标高线。

(3)提供材料的垂直运输和幕墙安装用脚手架及其他相关工作面。

(4)在材料进场时，把进场材料报验给总包方。

(5)配合我方做好雨篷、幕墙与结构周边的水泥砂浆的成品保护工作。

(6)幕墙工程完工后，如内装工程尚未完工，则幕墙工程将进行单项验收，由质检部门主持，土建、监理、设计等各单位参加。

(7)工程总体完工后，进行总体验收时，我公司将从现场、资料等方面全力配合总包方。

(8)幕墙工程施工时将与土建外墙砌体、地面、窗台及室内吊顶装修、隔墙装修，以及暖通、水电的穿墙管道施工发生交叉作业。为保证工程总体进度和施工质量，交叉作业的各方均应积极配合，统筹安排。

(9)幕墙公司应与土建外墙砌筑单位进行充分协商，确认双方均可接受的进度计划安排，并按计划执行。

(10)幕墙框架施工应在外墙主体完工后进行，以免框架材料受到污染，但框架与主体结构的连接件应在浇筑混凝土梁、柱、板时同步安装，故我公司可进场协助测量、放线、定位等工作，协调土建做好预埋件的安装。待土建主体完工后即可进行复测、放线、定位和幕墙框架安装。

(11)幕墙施工均为干作业，所有土建装修的水泥、石灰、砂浆等均应远离幕墙材料，在同一立面作业时应采取保护隔离措施。

(12)暖通、水电或其他施工单位若有管道或其他构件伸出外墙时应在我公司施工幕墙框架前提出，以便于我公司充分考虑饰面效果及进行防水处理。

(五)施工现场临时用水和临时用电的计算(略)

三、施工方案

(一)施工方法的选择

本工程施工过程中，我公司将采用以下多项先进技术和工艺：

(1)点玻雨篷。位于西、北立面入口的两个雨篷具有画龙点睛的作用，采用国际上最先进的螺栓式全方位独立调节爪件，同时专为其配套了最大达 $50°$ 的大转角驳接头，从而使雨篷在任何方向外力的作用下产生的变形均有效缓解，这样，平面玻璃折线拼装的弧形既可达到过渡自然，又不至于在接头处受外力挤压造成玻璃产生应力自爆。

(2)本幕墙框架龙骨的截面形式按等压原理设计，即在幕墙型材上预设一个外部压力进入内部的引导孔，从而使内外压力差平衡而达到外部水不易进入的目的。同时，在型材的外缘及下部开有排水孔，以排除进入内部的少量渗水或室内的结露水。在预设孔洞时，每支横框上设置两个，孔位距离拐角为 100 mm 左右，上、下孔之间水平距离大于 50 mm，防止空气串通。

(二)施工段划分及施工顺序

1. 施工段划分

根据本工程实际情况,将各立面幕墙作为独立的施工段,整个幕墙工程可分为两个施工段组织流水作业。

第一段:东、南立面幕墙。

第二段:西、北立面幕墙。

2. 施工顺序

每个施工段均可分为石材幕墙和玻璃幕墙两个大作业组;铝板幕墙及雨篷等零星项目可单独作为小作业组。各施工段的作业组之间组织搭接施工或并列施工。各工序之间的顺序详见施工网络进度计划图(图 1-1),但在条件允许下尽量提前施工。

四、主要工程项目生产加工及施工工艺

(一)工程主要加工工艺及技术方案

(1)铝型材加工工艺及技术方案(略)。

(2)铝型材装配加工工艺及技术方案(略)。

(3)玻璃注胶加工工艺及技术方案(略)。

(二)工程主要施工工艺及技术方案

1. 玻璃幕墙施工措施

玻璃幕墙现场安装的关键工序有连接件安装、竖梁定位放线、竖梁安装、横梁安装、玻璃板块安装。其施工工艺及技术方案如图 1-2 所示。

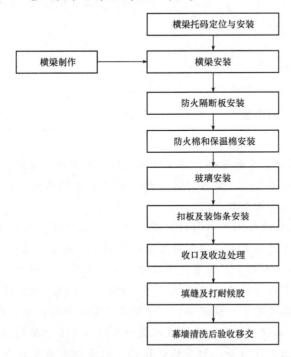

图 1-2 玻璃幕墙施工顺序

2. 铝板幕墙施工措施

铝板幕墙的施工顺序同玻璃幕墙的施工顺序。铝板幕墙现场安装的关键工序有连接件安装、竖梁定位放线、竖梁安装、横梁安装、铝板板块安装。除铝板板块安装外，其余工序的施工工艺及技术方案同玻璃幕墙施工措施，铝板一般随玻璃板块安装。

3. 干挂花岗石幕墙施工措施

本工程裙楼花岗石幕墙采用12♯镀锌槽钢立柱和U50 mm×50 mm×5 mm镀锌槽横龙骨，主楼花岗石幕墙采用10♯镀锌槽钢立柱和U50 mm×50 mm×5 mm镀锌槽横龙骨，挂件均采用铝合金挂件。

(1)花岗石幕墙防雷装置安装：预埋件与均压环连接；转接件与均压环连接；引下线与均压环连接；立柱与均压环连接。

(2)花岗石幕墙防火带的安装：防火带的封闭；防火带材料；防火带位置。

4. 钢结构施工措施(略)

5. 幕墙防火措施

防火层采取隔离措施，并根据防火材料的耐火极限，保证防火层的厚度和宽度，且在楼板处形成防火带。幕墙的防火层采用经防腐处理且厚度不小于1.5 mm的耐热钢板。防火层的密封材料采用防火密封胶。防火密封胶有法定检测机构的防火检验报告。防火填充材料拟采用国产优质防火棉；幕墙防火除按建筑设计的防火分区外，在水平方向以每个自然楼层作为防火分区进行防火处理，具体做法是在主体结构和幕墙框架之间的缝隙内铺满底层镀锌耐火钢板，在其上铺设防火棉，然后铺上层镀锌耐火钢板，最后打防火密封胶密封所有的接缝。

6. 幕墙防雷措施(略)

五、质量保证措施

(一)质量保证体系

质量保证体系如图1-3所示。

(二)质量保证措施的内容

1. 技术管理措施

(1)幕墙系统的设计、立面分格、预埋件设计和幕墙构件强度计算，需经设计人员和有关专家认可，甲方最终签认后，方可作为备料、加工制作的依据；设计变更程序应严格执行《质量管理手册》中的有关条款。

(2)复核施工合同中的技术要求与设计是否相符，校对施工大样图，在主材下料之前，对已经完工的建筑尺寸进行复测，按实测尺寸相应调整好施工图尺寸。

(3)检查后补埋件是否齐全，位置是否正确；采用后补化学螺栓时，应由甲方监理工程师认可，并由获国家承认的试验单位在现场进行抗拉拔试验，由合格的专业工程师现场监督及签证；测试报告呈报甲方、监理部门，经甲方及监理部门认可后方能使用。

(4)为保证现场施工顺利进行，现场技术员应及时与甲方驻现场技术代表直接解决施工中的技术问题，并参加工程例会；所有协调记录、纪要均应由双方代表签字。对现场不能作出决定的问题，应向技术经理报告，及时作出答复并记录归档。

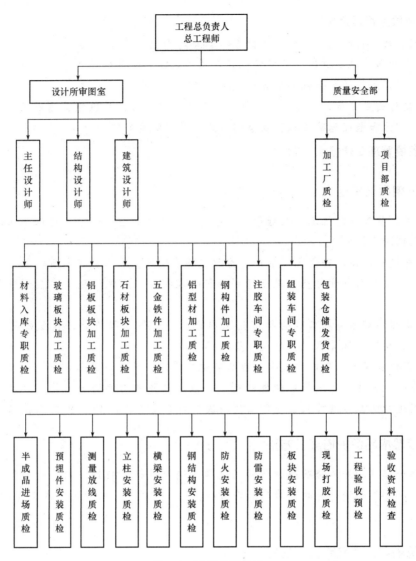

图 1-3　质量保证体系

（5）本工程必须通过幕墙物理性能检测，预先提出检测方案及图纸，经甲方和检测中心审定确认后方可实施。

2. 主要材料质量管理措施

（1）对进厂各种原材料和附件进行质量检查——是否与封样对应，有无出厂合格证和产地证书，是否符合相关技术标准，对不符合相关技术标准的各种材料和附件实行退货或不投入下一道工序。

（2）材料运到施工工地之前，铝料表面必须进行保护包装，以免运输过程中划伤表面及安装后表面沾染具有腐蚀作用的水泥。

（3）钢构件、钢桁架等容易变形材料须固定在专用转运架上吊装、运输。

（4）货车抵达现场后，采用叉车将垛叠包逐件卸下，置于规定的场地。卸货时，应确认货物的数量、规格及是否有运输时造成的破损。若有破损应及时与工厂或供应商联系。

3. 安装质量管理措施

对下列关键项目的施工安装，实行专项签准制度：

（1）钢支座和幕墙支撑构件的安装位置及其垂直度、水平标高、进出位置、相邻两柱的距离偏差、同层立柱的水平标高偏差均需由专检人员复查。

（2）连接件固定完毕，应由专检人员复查合格签字认可，并填报幕墙中间验收单，再经质监部门、甲方和监理隐蔽工程验收合格后方可进行防腐处理。

（三）质量管理工作重点（略）

六、工期保证措施

（1）按施工程序进行施工，做好每道工序的施工质量管理工作，以保证施工不因质量原因返工而耽误进度计划。

（2）严格遵守纪律，安全文明生产。按照现场管理规定要求施工人员，按照施工方案进度表，由计划员专人负责对整个进度计划进行合理控制，以保证施工的顺利进行，确保进度计划。

（3）为保证按期完成本工程的所有施工内容，并保证工程质量，我公司将按照玻璃铝板、石材、钢材等项目考虑施工分区分段安排。

（4）为保证在规定工期内完成本工程所有施工内容，并保证工程质量，我公司将在公司幕墙加工中心生产线上完成幕墙组件的生产，以保证幕墙构件的加工精度。玻璃单元板块则在从美国进口的四台注胶机上进行注胶，该车间每天可完成 300 m^2 的注胶工作。

七、幕墙成品保护措施及方法

由于作为建筑物外装修及围护结构的玻璃幕墙是最终的装饰成品，故其任何部位、任何程度的损坏都是无法弥补的，为确保饰面质量、减少损耗，必须制定成品保护措施（具体措施略）。

八、现场安全及文明施工措施

（一）安全施工保证措施

（1）坚决执行现行国家有关劳动安全、卫生法规和行业标准《建筑施工高处作业安全技术规范》（JGJ 80—2016）。

（2）制订详细安全操作规程，获有关部门批准后方可施工；同时，建立安全管理措施责任制，施工前，应对各类施工人员进行安全技术教育与交底，工地的安全工作由工地安全员专职负责。必须落实所有安全技术措施和配备齐全的人身防护用品，未经落实不得进行施工。

（3）进入施工现场的作业人员，不准赤脚，不准穿拖鞋，必须戴安全帽；登高临空作业人员须经专业技术培训和体格检查，合格者方可上岗施工，还须配备安全带和工具袋。

（4）机械设备必须配置齐全有效的安全罩，施工电器应良好接地；现场用电，必须严格执行用电规定，接线、接地、拉线必须经总包单位负责电工同意；收工时，保证电源切断；电线应套安全管，严禁使用无绝缘皮的导线；杜绝漏电、伤亡事故。

（5）电工和电焊工必须持证上岗，应严格按照操作规程及指引，并注意周围环境，清除周围杂物和易燃易爆物品；焊接时下方必须设有接火斗，旁边须设有水桶、灭火器等安全防火措施,并由专职安全员指定一名施工人员在现场监护。

(6)施工时如遇六级和六级以上大风、大雨、浓雾等恶劣天气,专职安全员应通知施工人员停止施工,如遇暴风还应指派人员做好机具和未完工部分的加固工作。

(7)工地所有易燃物品须有专人保管,现场堆放必须符合防火规定,并设有"严禁烟火"的警告标识;施工中,作业人员应在指定地点休息、吸烟,不得随意扔烟头;严禁在施工区用明火做饭、取暖、使用电炉,避免发生火灾,造成事故,严格执行防火规定;施工作业区及库房应配备一定数量的灭火器具;施工人员进场即应办理动火证。

(8)在使用施工电梯时,应注意安全,服从驾驶人员的指挥。

(9)当玻璃及钢结构安装须使用塔式起重机时,应由塔式起重机驾驶员协调动作,明确吊入位置,钩下严禁站人。

(10)凡是需要安装脚手架的工程,每次施工前必须检查脚手架和工作平台是否安全、牢靠,脚踏板不能少于两排,跳板与架子应用8#钢丝拧紧,防止"单头条"伤人。

(11)作业通道必须整洁通畅,专职安全员应随时检查安全防护措施是否有效,如发现问题应及时向有关主管报告,采取解决措施。

(12)每天作业完成时,施工人员应收拾现场并清除废弃物料。特殊工种的施工人员应持有市、县劳动部门核发的上岗证,上岗证按规定年检。

(13)若需要使用吊篮安装,项目经理须亲自带班,并认真检查,消除隐患,确保按技术安装、定位;配重铁的放置和具体数量要经过计算。为防止发生意外,支撑架根部的配重铁相互之间应用钢缆连接。

(14)每部吊篮规定最多不能超过3人操作,所载货物和人员的质量不能超过额定荷载。

(15)如发现工作钢缆和安全钢缆磨损、断丝和电气焊烧断(断丝5%)的情况,应立即更换。

(16)吊篮安全保险器是保证吊篮安全、不快速下滑的关键部位,保险器不能人为地随意提位,应做好防水、防撞措施。

(17)架空焊接时,地面应设专人防护,配备焊渣护罩,要准备好消防器材和充足的消防用水,有条件的工地可向有关部门申请使用消火栓;焊接结束30 min后查看现场,无任何隐患时方可撤离现场。

(二)现场文明施工措施

(1)坚决贯彻执行业主、监理单位和总包单位制订的有关现场文明施工的各项规章制度,创建文明工地。

(2)加强现场项目经理部的思想建设,从根本上认识文明生产的重要性,抵制只抓生产,不抓形象的落后思想,并遵循公司企业文化建设规章制度。

(3)完善项目经理部组织建设,现场项目经理部设置专人负责安全文明生产并建立班组文明生产责任制。

(4)加强项目经理部制度建设,制订文明生产制度,并定期进行检查,其内容包括:保卫消防管理;现场形象管理;现场料具管理及仓库管理;现场环境管理及防噪声管理;现场卫生管理;现场食堂管理及厨师体检管理;现场职工宿舍管理;项目经理部办公室标准化管理;加强职工教育和职工培训,包括管理现代化知识培训、岗位职务培训、技术培训。

九、冬、雨期及防风采取的施工措施(略)

十、幕墙性能试验计划(略)

十一、地上设备的加固措施(略)

十二、幕墙保养、使用及维护(略)

小 结

　　这是一份幕墙工程施工组织设计文件。通过阅读这份文件，学生可以对施工组织文件内容有一个基本了解。同时，可以尝试对缩略部分进行补充、完善，为下一章的学习提供基础。

实训训练

　　实训目的：熟悉施工组织设计的内容。

　　实训要求：在课上给出题目后，允许学生讨论、课后查阅资料，在下次课上，教师可以进行个别辅导，并检查。

　　实训题目：根据书中所给实例，试着编写一个 30 m² 教室的 T 形龙骨矿棉板吊顶的施工组织设计文件，副龙骨间距为 60 mm×60 mm。只编写工程概况、施工方案、安全文明措施三部分内容。

任务2 编制施工组织设计文件

任务案例

工程名称：×××别墅装饰装修工程；

工程地址：某市北郊大同北路东侧；

基本概况：本项目为独栋别墅，地上2层，地下1层，分别为：一层278 m²、二层224 m²、地下一层130 m²、平台庭院170 m²，共计802 m²；

建设单位：×××开发有限责任公司；

装饰施工单位：×××建筑装饰工程公司；

装饰设计单位：×××建筑装饰工程公司设计院(施工图见附图)；

监理单位：×××建筑工程监理有限公司；

基础装饰工程造价：约70万元；

工程范围：别墅内部装饰装修工程、庭院装饰景观工程、水电改造工程、部分电器设备安装工程(表2-1)；

合同开工日期：2020.7.01；

合同竣工日期：2020.10.01。

表2-1 别墅装饰项目内容

楼层	空间	装修内容
一层	卫生间	地面：米黄色仿古地砖 墙面：西班牙米黄 吊顶：白色防水乳胶漆 踢脚线：木制踢脚
	卧室	地面：实木复合地板、深色石材、块毯 墙面：超白洞石石材 吊顶：白色乳胶漆 踢脚线：木制踢脚
	客厅	地面：地砖、石材拼花 墙面：壁纸饰面、超白洞石石材 吊顶：白色乳胶漆 踢脚线：木制踢脚
	厨房	地面：300 mm×300 mm地砖 墙面：墙砖饰面、硅藻泥、白色陶砖、陶砖饰面 吊顶：白色乳胶漆 踢脚线：木制踢脚

楼层	空间	装修内容
二层	主卧	地面：实木复合地板、块毯 墙面：墙纸饰面、白色木饰面 吊顶：白色乳胶漆、白色木饰面、木作饰面 踢脚线：木制踢脚
	儿童活动区、儿童房	地面：实木复合地板、室外地胶 墙面：墙纸饰面 吊顶：白色乳胶漆 踢脚线：木制踢脚
	卫生间	地面：马赛克石材、沙浪米黄 墙面：墙纸饰面、沙浪米黄 吊顶：白色防水乳胶漆 踢脚线：木制踢脚
	书房	地面：实木复合地板 墙面：壁纸饰面 吊顶：白色乳胶漆 踢脚线：木制踢脚

教学目标

学会编制一般装饰装修工程项目施工组织设计文件，做到不漏项且经济、合理，最大限度地满足施工单位成本控制、进度控制的要求。

教学要求

熟悉编制建筑装饰施工组织设计的步骤；熟练掌握建筑装饰装修施工组织设计的基本内容、每一部分内容具体的编写方法及各部分内容的相互关系。

2.1　施工组织设计的内容

2.1.1　建筑装饰装修工程施工组织总设计的基本内容

建筑装饰装修工程施工组织总设计的基本内容一般包括工程概况、施工总体部署和总体工程施工方案、施工准备工作计划、施工总体(综合)进度计划、各项资源需用量计划(劳动力、装饰施工机械、主要装饰材料等)、施工总体平面图、技术经济指标等。

建筑装饰装修工程施工组织总设计的编制程序如图 2-1 所示。

2.1.2　单位装饰装修工程施工组织设计的基本内容

对于一个新建的建筑工程来说，建筑装饰装修施工仅属于整个工程的其中几个分部工程(装饰、门窗、楼地面)。在现代建筑装饰装修

施工组织设计
基本内容示例

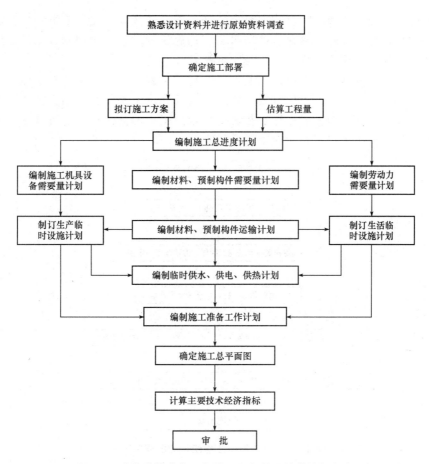

图 2-1　建筑装饰装修工程施工组织总设计的编制程序

工程中，除上述几个分部工程外，还包括建筑施工以外的一些项目，如家具、陈设、厨餐用具等，以及与之配套的水、暖、电、卫、空调工程，在一些高档建筑中其电气部分不仅有强电系统（动力用电、照明用电），还有弱电系统。目前，弱电系统主要包括以下内容：

（1）楼宇自控系统（BAS）。楼宇自控系统包括冷热源、新风、空调、给水排水、送风、排风、照明、动力、变配电、电梯等楼宇机电设备的自动控制。

（2）消防自控系统（FAS）。消防自控系统包括火灾探测系统和自动报警系统，消防设备联动控制系统和消防通信管理系统，以及水喷淋系统与气体灭火系统。

（3）安防监控系统（SCS）。安防监控系统包括闭路电视监控、侵入报警系统和门警系统。

（4）广电有线电视系统（CATV）。广电有线电视系统包括电视、图文电视等。

（5）综合布线系统（PDS）。综合布线系统包括大楼内电话、计算机网络、会议电视及楼宇自控系统通信的综合布线等。

（6）计算机网络系统（CN）。计算机网络系统包括自动化办公、信息管理与服务、组织与管理等计算机网络系统安装。

（7）广播音响系统（BMS）。广播音响系统包括为厅堂、通道、客房提供背景音乐的系统和受消防控制中心管理的紧急广播系统，以及舞台音响系统。

（8）车库管理系统（PCS）。车库管理系统包括出入管理、自动计费、车位指示等智能化车库管理系统。

弱电系统施工比较复杂、专业技术要求较高、配合性强，因此，在编制单位装饰装修工程施工组织设计时，应充分考虑这些项目与装饰施工的关系。合理安排工序，给设备安装留出时间，以免产生相互影响或交叉施工的破坏。

单位装饰装修工程施工组织设计的基本内容包括工程概况、施工方法、施工准备工作计划、施工平面布置图、施工进度计划、施工机具计划、主要材料计划、消防安全文明施工及施工技术质量保证措施、成品保护措施等。根据工程的复杂程度，有些项目可合并或简单编写。单位工程施工组织设计的编制程序如图 2-2 所示。

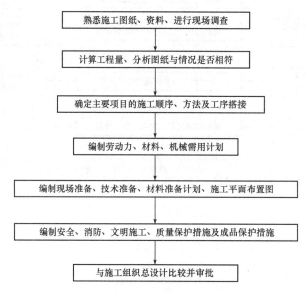

图 2-2　单位工程施工组织设计的编制程序

2.2　编制工程概况

工程概况是对工程一般状况的描述，尽管其对不同层次的施工组织设计文件描述的内容不尽相同，侧重点也不相同，但均要求准确。

2.2.1　施工组织总设计的工程概况

（1）建设项目主要包括：装饰工程的名称、地点，建筑装饰标准；施工总期限及分期分批投入使用的项目和规模，建筑装饰施工标准；建筑面积、层数；主要建筑装饰材料及设备、管线种类；属于国内外订货的材料设备、数量；总投资、工作量、生产流程、工艺特点；工程改造内容，主要房间名称及材料作法、建筑装饰风格及特征；新技术、新材料应用及复杂程度；建筑总平面图和各项单位工程（或厅、堂）的工程设计交图日期及已完成的建筑装饰设计方案；主要工种工程量及该工程的特点等。

（2）建筑装饰装修工程所在地区的特征主要包括：气象、交通运输、地方材料供应、劳动力供应及生活设施的情况；可作为施工用的现有建筑；水、暖、电、卫设施情况等。

【例】　某施工组织总设计的工程概况。

某国际大酒店为一幢超高层综合性商业建筑。其主要由一间五星级宾馆、一个高级写字楼区、一套商业服务中心设施、一座辅助工作楼四大部分组成。总投资为5亿元人民币，总建筑面积约为10.3万 m²，其中主建筑约为9万 m²，分为50个水平层，总高度为190.5 m以上(含顶部灯塔)。

该建筑位于某市中区南北干道××路和东西干道××路交会处的东南角，南衔××省图书馆，北连国际电影城，西临××路，所在地段为某市商业、服务业、金融业的中枢。

本施工组织设计所包括的功能分区如下：

(1)一楼大堂：其面积约为4 000 m²，包括酒店大堂、自助餐厅、酒吧区、花店、消防监控室、财务部、保安部、写字楼通道、电梯厅等。

(2)一夹层茶寮：其面积约为2 000 m²，包括茶寮、商务中心、银行、电梯厅等。

(3)二楼跑马廊：其包括大堂跑马廊、自动扶梯跑马廊、电梯厅、空调房等。

(4)五楼宴会厅：其面积约为3 800 m²，包括大宴会厅、贵宾房、国际会议中心、休息厅、酒吧衣帽台等。

(5)室外部分：其包括室外广场、裙房外墙干挂石材、雨篷网架、广场柱干挂石材、车道、大堂门厅等。

2.2.2 单位装饰装修工程施工组织设计的工程概况

施工组织设计中的"工程概况"是总说明部分，也是对拟装饰装修工程所做的一个简明扼要、突出重点的文字介绍。有时为了弥补文字介绍的不足，还可以附图或采用辅助表格加以说明。在单位装饰装修工程施工组织设计中，应重点介绍该工程的特点及其与项目总体工程的联系。

(1)工程装饰概况主要介绍：拟进行装饰装修工程的建设单位、工程名称、性质、用途；建筑物的高度、层数、拟装饰的建筑面积，本单位装饰工作的范围、装饰标准、主要装饰工作量、主要房间的饰面材料，设计单位、装饰设计风格、与之配套的水、电、风主要项目，开工、竣工时间等。

(2)建筑地点的特征介绍：装饰工程的位置、地形、环境、气温、冬雨期施工时间、主导风向、风力大小等。如本项目只承接了该建筑的一部分装饰，则应注明拟装饰工程所在的层、段。

(3)施工条件包括装饰现场条件、材料成品、半成品、施工机械、运输车辆、劳动力配备和企业管理等情况。

下面是单位工程工程概况实例：

【例】　××市旅游区服务中心主楼装饰工程位于××省××市凤凰水库东侧，是一座集旅游、度假、休闲、会议、娱乐、餐饮、健身等服务功能于一体的大型建筑。旅游区服务中心建筑面积为15 300 m²，为三层框架结构，呈组群式建筑布局，主楼总体上为现代欧式风格。其主要功能指标和服务设施均按照四星级宾馆的标准兴建，属目前××市乃至全省颇具特色的旅游景点之一。××市旅游区服务中心主楼装饰工程主要是西侧客房：X_1轴～X_{14}轴一、二、三层客房及公用走道。

【例】　石家庄×××公司综合楼室内装饰装修工程(以下简称本工程)位于河北省石家庄市××大街××号，是一座集领导办公室，部门办公室，大、小会议室，展示厅，实验室，计算机房，会客室，贵宾室等功能于一体的综合办公建筑。其建筑面积为19 100 m²，为框架结构，地上为9层，高度为49 m。现场已具备装饰施工条件。

【例】　××省××大厦位于××省××市中心，广场北侧××路中段，是一座以银行业务办公为主体，兼顾餐饮、住宿、娱乐、商业等功能于一体的多功能综合大厦。由××省勘察设计院负责设计，××省六建总包，负责土建及设备安装施工，北京××建筑装饰工程有限公司进行室内外装饰设计与施工。为适应××城市建设发展规划及提高银行的形象，大厦的室内装修档次为三星级标准。

该建筑为框架结构，主楼地上为 27 层、地下为 2 层，副楼地上为 21 层、地下为 2 层，总建筑面积为 41 000 m²，大厦的主要设备均选用先进的智能化设备，电话、计算机采用具有 20 世纪 90 年代世界先进水平的综合布线系统和 CPU 系统，提供了与国际国内信息高速公路接轨的条件。

本工程的装饰部位是各层室内装饰及 1～4 层外立面墙面装饰。首层功能分布为四个区域，即主楼营业区、宾馆区、办公区、商场区；二层功能分布为银行主营业厅、银行办公室、代保管业务库、账表库；三层为信息室及电教室、库房、中心计算机房；四层主要是会议室及娱乐区，包括舞厅、贵宾室、包厢等；五层以上为办公室及套间、大小会议室等。

本工程的室内设计由北京××建筑装饰工程有限公司进行设计。施工过程中涉及建筑结构、设备电气、供暖、电梯各专业设计与施工有处于同步状态的现象，应根据实际情况，按照业主的要求和设计师研究施工方案和组织设计。

本工程的室外装修作法：主楼、副楼、1～4 层外墙以花岗石材为主体，配以西丽红花岗石材作窗套筒子板。用干挂工艺进行施工，西墙作悬挑铜架铝塑板雨篷，南墙作轻钢龙骨铝塑板雨篷。

室内装饰作法：首层银行营业厅墙面为进口雅士白石材，营业柜台台面为进口雅士白石材，以大花绿石做踢脚及大线条收边，地面为进口彩虹石材，营业厅内为 650 mm×650 mm 防滑通体砖地面，以轻钢龙骨石膏板造型吊顶。首层宾馆大堂墙面为进口雅士白石材墙面、柱面，地面为进口彩虹石材，榉木造型吧柜、背柜，软包墙面造型，顶棚为轻钢龙骨石膏板造型吊顶，中间悬吊船型大吊顶及满天星筒灯。商场前厅墙面为进口雅士白石材，地面为进口彩虹石材，顶棚为轻钢龙骨石膏板造型吊顶，悬吊飞碟形吊顶。

二层办公室地面及代保管业务库地面采用 650 mm×650 mm 通体砖地面、墙面乳胶漆、榉木塑板，吊顶为矿棉板顶棚，舞厅地面分别为拼花石材地面及高档地毯地面，墙面以进口壁布及高级细木装饰，吊顶为轻钢龙骨石膏板造型吊顶，贵宾厅墙面为软包及木作墙面，地面地毯，轻钢龙骨石膏板造型吊顶。重要机房如电话、计算机房、中控室采用进口矿棉吸声板活动吊顶，进口彩色喷涂墙面，抗静电活动地板架空地面。

本工程自 2019 年 7 月 1 日开工至 2019 年 12 月 30 日竣工，工程总价为 1 700 万元。

小　结

编写工程概况时，一定要简明扼要，介绍清楚即可。

实训训练

实训目的：掌握工程概况的编写。

实训要求：教师根据学情选择布置实训题目，学生 4～5 人为一组，写作时间为 15～20 min，完成工程概况的编制。完成后每组代表上台阅读，其他组需对其所写内容、格式进行讨论。

实训题目(1)：

本校拟对教学楼重新进行装修改造，具体的装修时间、装修内容、装修部位，学生可自行给出，要求学生熟悉所要装修的空间，并在此基础上写出工程概况。

实训题目(2)：

根据任务案例结合附图，编写别墅装饰装修工程概况。

2.3　编制施工部署和施工方案

2.3.1　施工组织总设计中施工部署的主要内容

施工部署主要是对整个建设项目的施工，进行全面安排的一个总体规划。其内容包括施工任务的组织分工和安排；明确重点单位工程施工方案；主要工种工程项目的施工方案和施工现场规划。

1. 施工任务的组织分工和安排

施工任务的组织分工包括建立并明确机构体制、建立统一的工程指挥系统；确定综合或专业的施工组织；划分各施工单位的任务项目和施工区域；明确穿插施工的项目及其施工期限。

施工任务安排的具体内容包括各种管理目标、材料供应计划、施工程序、项目管理总体安排等。

2. 明确重点单位工程的施工方案

根据设计方案或施工图，明确各单位工程中采用的新材料、新工艺、新技术和拟采用的施工方法。例如，大跨度结构的吊顶、高层玻璃幕墙安装；外墙干挂石材；复杂的设备、管线安装；大型玻璃采光顶安装；室内外大型装饰物安装等，并研究制订装饰施工工艺和质量标准。

【例】　某工程施工组织文件中的施工部署和施工方案（节选）。

(1)工程分析和存在的问题。某酒店位于××市××区××广场，隶属××市××广场酒店有限公司，按涉外五星级酒店的标准设计。

前期工程是按照写字楼的功能和要求设计、布局并部分施工，施工时，需要对原专业给水排水、消防、空调、电器等系统予以拆除、改造、重建并与本次装饰工程施工交叉进行，这对双方施工都存在一些影响。工程的材料供应也是影响工期进度和质量的潜在因素。垂直运输(12月份电梯停驶)问题，石材、地板、地砖与地毯标高处理，墙地面空鼓修整与地面大面积剔凿工作，以及现场勘察中发现的一些问题都会直接或间接影响总体施工的进度和质量。针对这些问题，在整体施工部署阶段应予以充分考虑并逐项解决。

(2)施工准备和安排。

1)在现场定位放线及施工总体安排前必须解决的具体问题如下：

①在砖砌墙之前集中人力将每层服务间的两面隔墙打掉，为砌墙留出时间。

②地面空鼓现象较严重，管井凿通后又会增加空鼓并造成地面全面空鼓，必须全部打凿。将组织工人，分成六段平行打凿，每天打凿完的垃圾随时清理掉。

③现场原来的建筑垃圾很多，此项目将按照甲方的要求进行处理，以最快的速度将现场的建筑垃圾清理完。

④核心筒的抹灰层空鼓较严重，已达到 60%，若不处理将会影响壁纸的铺贴，必须将其打掉。核心筒的抹灰层空鼓将和地面空鼓的剔凿一起处理并与不空鼓的墙面连接好，使其不开裂。

⑤电梯厅的墙面混凝土，胀模严重，误差为 30～50 mm，需要打凿或抹灰。如果做墙面石材，问题可另外解决。如果贴壁纸，抹灰太厚容易造成空鼓，所以将采取部分打凿，部分抹灰。

⑥幕墙玻璃有多处损坏，需要重新制作。现场制订完成时间表，要求专业施工队按时完成。

⑦地面均比电梯厅下槛高，如果以电梯厅下槛为±0.000，则同层电梯下槛标高不一致，高低在20～30 mm不等，因此，需仔细勘察找出一个适宜的±0.000标高，将其标高引至各个立柱上(如不能解决只能按常规处理，只是工作量大一些)。

⑧6层和7层的墙面、柱面原壁纸需要清理，这项工作将在进场剔凿墙、地面时一起清理。

⑨管井凿通后需用工字钢进行加固。

⑩浴缸下水与楼板下大梁相碍，处理方法：一是将浴缸调头；二是浴缸下水由原侧排水改为下排水；三是改动浴缸尺寸。

⑪15层设备层靠幕墙边有1 000 mm高的混凝土需打凿，这将影响楼下施工，因此，必须在墙地面剔凿的同时将此道墙清除掉，以确保不影响下一层的施工。

⑫关于地面标高问题可采用以下两种方式处理：

a. 漫坡式平稳过渡，修空鼓，基本不动，但效果欠佳。

b. 绝对顺平，走廊一致，踢脚线通顺。门框同交，但各房间内可自行局部顺平，卫生间地面、过厅做法同样板间。

地面标高问题，将会同甲方、监理工程师和技术人员在开工前现场制订出处理办法。

2)现场放线定位。根据甲方提供的施工图结合现场实际情况，首先在最高层(指施工范围内)的楼层平面找出相应的轴线，隔墙中心线因为每层平面都是圆形，而$R7.8$ m处为圆形剪力混凝土墙，圆心在电梯间内，取每根中轴线找到每层相应的管道井及中心位置，由此垂直向下层层打孔推移中点，悬挂垂线，将每层地面的有关轴线弹出，通过测量获得各楼层偏差的准确数据，为装饰施工和机电设备管井打孔提供必要条件。

3)施工阶段划分。根据现场勘探结果和对施工工期的考虑，准备将6～23层划分为6个施工段，每3层为一段，每段自成体系流水施工(流水作业中包括机电交接时间)，6个施工段平行施工，施工顺序自23层向下。施工的总工期为162 d，不包含春节时间，若春节放假，工期顺延。每小段高峰时间装修人员将达到236人。

4)管理系统和人力资源。公司自承接样板房工程开始便考虑到将来大面积施工的项目班子人选及施工队的组建。因每小段高峰时施工人员将达到236人，6段总人数高峰时可达到1 416人(含部分专电分包人员)，所以，队伍抽调人员应均参加过多种不同风格装饰工程，侧重于施工过五星级酒店的人员。在开工前公司将统一组织对施工人员的培训和教育工作，并经过安全考试合格后方可施工。在施工中所有员工都将统一服装标识，以利于辨认，各层均配备对讲机以便及时联络、协调。施工人员安排统一生活区、食堂、宿舍、临时诊所及冬季取暖设施。挑选精干的后勤保障人员。

5)材料准备。材料供应是本次工程能否达标、创优的关键，结合本工程的具体特点，我方将采取以下几项主要措施：

①对甲供材料设专人与甲方负责此项工作的人员对接，了解供货情况，收集信息，如甲供材料的厂家品牌、规格、尺寸、色调等，以便使用及安装时与现场施工保持一致，并列出甲供材料使用时间表，提前告知使用时间、顺序，以便甲方有充分的时间准备、调整。

②对自购材料，公司应利用物资部原有优势并结合现代化信息技术，全面了解、掌握所需材料的厂家、规格、品牌、价格等一系列问题。主要材料样品已定样封存，还与部分厂家签订了意向书，所有材料按照工期要求可完全保证现场施工使用。项目部已编制了《总材料使用计划》交物资供应部，以确保开工后万无一失。

③对甲订乙供的材料，物资部门将严格按照甲方指定的厂家、品牌、价格进行接洽和订货，对厂家可能影响施工或装饰效果的产品，我方将提出建议性意见并提供可保证施工及效果的厂家，由甲方参考确定。

另外，为了甲方投资着想，我方正与专业厂商共同开发，仿制一批同类材料，以做到物美价廉并达到装饰效果。

6) 机械设备。由于施工工期短，工作范围大，平行施工面广，施工段多，故要求现场达到机械、机具数量充足、质量可靠、维修及时、电力保障四项基本条件。

我公司装饰装修施工规模较大，各类机具品种齐全，数量充足且都是正规渠道进货，质量有保证，各项目部在机具管理方面，制度齐全、处罚严明，因此，完全能够满足施工时数量与质量的保证。对于维修，本次将随队派专门负责机械常规维修人员 3 名并携带易损零部件，对现场出现故障的机具及时进行维修。同时联系有信誉、有规模的修理专业店，与之签订维修协议书，及时保证我方所有机具的维修、更换和新增。电力问题经前期勘察计算，认为现场电力完全能够满足施工机械设备负荷，因此，机械、机具设备不会成为影响施工的因素。

7) 垂直运输。

① 在施工范围内，首先检查各层电梯出入口的安全和使用情况，各出入口交接处是否牢固、稳定并进行详细标注，着手加固，作出详细相关记录，整理成文并交相关部门备案登记。

② 针对垂直运输问题，进场时要统计、计算垂直电梯的每层运行、停留时间，往返一次的总时间及甲方规定的电梯运行时间，列出统计表，计算出日使用次数及运输力。

③ 在每日上、下班时（与甲方协商）最好能使用载人客梯，以避免高峰时人员窝工及过多消耗工人体力。7 层以下施工时要求员工步行上楼，同时错开上、下班时间，减少现场高峰流量。

④ 现场材料垂直运输拟采取人均运输法及力工整材运输法，具体操作是要求进入现场的每一名员工包括管理人员，人手一袋或其他容器，在每次乘电梯或步行上岗时都要将随身携带的容器装上施工需用材料并放置在指定地点。在首层及五层的电梯中转口都有专人负责，告知所带材料需放置到几层的位置，并以专用材料交接条与各层库房进行交接。做到管理周密、手续齐全。而员工下楼时则需用佩戴的容器，将所在岗位的垃圾一并带至楼下指定的垃圾存放中转站，以保证各工作面的施工空间及卫生。充分利用人员的每一次升降机会，化整为零解决材料和垃圾的垂直运输问题，既可以缓解力工及电梯的运输压力，保证施工现场有充裕的材料和空间，进一步提高工作效率，又可以增强员工节约材料，减少浪费的意识。项目经理要以身作则把此项工作从头至尾抓好做细。大型材料和重量较大的物品由力工统一运至各工作面指定地点。这样，即使在 12 月份外挂梯停驶期间也可有序保证现场材料的供应及垃圾的清运。

8) 与分包单位的配合。考虑到业主目前还未确定总包单位，我公司进场后将与专业施工队共同制订工序交接配合表（结合双方工程总进度计划），双方设专人负责工序交接、变化及更改的协商、调整和统一安排工作，随变化调整计划，做到变工序时间，不变总工期，变局部不影响全面，最大限度消除交叉施工的影响，保证总工期计划的实施。

(3) 实施步骤。本工程具有高层施工，且垂直运输通道狭窄，湿作业周期长，施工面积紧凑，工期短，且在施工初期工程量和运输量大，与机电改造同时施工、交叉作业，施工标准要求高等特点，因而人员的投入也相应增大。同时，合理的施工步骤及方案关系到整个工程工期的实现，为此我们已全面进行考虑并做出选择。

整体工程的实施步骤在样板间施工时，我方结合现场情况及甲方意见制订总体实施步骤，并与甲方相关部门初步确定。酒店工程的总体施工计划和资源配置也是按照实施步骤布置和安排的，它作为指导整个工程进展的宏观计划，其权威性和指导性是保证施工顺利进展、工期按时完成的基础。

从宏观上讲即土建在前，装饰在后，与机电交叉施工自下而上，错开工作面，以层为单位向下平移，这样有利于机具的搭配使用及材料的使用和堆放，根据每层施工安排和用量配置人员、机械和材料，施工完成的同时材料也随之使用完毕，人员可以马上转入下一个工作面，现场不积压材料。具体施工步骤如下：

1）机电完成管井打孔工作后要将空调风水立管、水管主路、消防水管、电缆桥架及给水排水立管，在开工两周左右达到装饰施工前期的砌砖要求，精装修施工在立门框完成后，即可进行砖墙和轻质隔墙的施工。

2）地面剔凿陆续完成后，进行卫生间下水、地板基层制作及防火封堵施工。随后卫生间地面找平及幕墙地台制作、施工相继开始。

3）各类隔墙完成后，各专业工种支路及我方水、电工将实施强弱电、支管和卫生间上下支路施工。为抹灰尽早提供工作面。

4）上述工作基本完成后，进行隔墙岩棉的填充，大面基层抹灰找平，墙面、地面基层处理，同时，对卫生间支管系统进行打压试验。在岩棉填充等部分隐蔽工程完成报验后，即可进行轻质隔墙封石膏板和各类木制作的施工，主要进行基层生根、造型、稳固工作。

5）在卫生间支管打压试验时，处理各接口面层后开始进行卫生间地面防水施工，并陆续进行每间不少于 24 h 的闭水试验。

6）在轻质墙石膏板封闭完成，木制基层基本完成，闭水试验无误后，其装饰工程则划分成两条相对独立的线路进行施工。一条线路以卫生间系统为主线，侧重于洁具安装和五金及墙地砖施工；另一条线路则围绕客房、公共空间、电梯厅等范围展开。

7）卫生间系统闭水试验完成后，便进行卫生间局部吊顶、龙骨设置、墙砖镶贴、洁具安装和台架制作。

8）客房和公共空间部分进行窗帘盒制作及大面积天花龙骨吊顶。

9）机电部分全面穿线、试压、调试完成后，卫生间按照吊顶封顶、贴地砖的顺序进行。

10）客房、公共空间进行天花封板、木制饰面封装及踢脚、天花线安装，油漆工进入准备和施工阶段。

11）卫生间同步进行洁具、五金类制品的安装工作，最后进行木门安装及相关水电、木制品、锁具调试工作。

12）卫生间整体完工的同时，客房及公共空间、电梯厅等部位、木制油漆工作应完工，之后开始进行大面积刷乳胶漆、贴壁纸等饰面工作。

13）进行开关面板、灯具调试工作，调整完毕即可进行木地板、地毯施工，并陆续将活动家具、灯具摆放就位。

14）检查修整所有施工项目后进行清理打扫工作，并准备办理竣工验收手续。

【例 2-1】 某单位承揽了 A、B 两栋高层建筑，合同规定开工日期为 2016 年 7 月 1 日，竣工日期为 2017 年 9 月 25 日。施工部署中确定了质量目标，由于租赁的施工机械进场时间推迟，故将进度目标改为 2016 年 7 月 6 日开工，2017 年 9 月 30 日竣工。由于工期紧迫，拟在主体结构施工时安排两个劳务队在两座楼施工，装饰装修工程安排人员按照先 A 栋后 B 栋从上向下进行内装修。

问题：（1）该工程施工项目目标有何不妥之处和需要补充的内容？

（2）该工程主体结构和装饰装修工程的施工安排是否合理？若不合理，请给出理由并重新对其进行安排。

解：问题（1）：

1）进度目标不妥。因为租赁的施工机械晚到是施工单位的问题，没有理由改变工期。

2）确定的目标中缺少成本目标和安全目标。

问题（2）：

1）主体结构安排合理，装修安排不合理。

2）因为工期紧，装修这样安排会拖延工期。可以采用两种方法调整工期：一种是主体结构完成一半时，装修施工插入，自中向下施工，待主体结构封顶后，再自上向中施工；

另一种是主体结构完成几层后，即插入内装修，自下而上施工。

2.3.2　单位工程施工组织设计中施工方案的拟订

在单位工程施工中，为了满足进度要求，同时使资源均衡，一般将工程划分为若干个施工段进行流水作业，并将多项复杂的施工内容合并为几个名称来表达整个施工计划活动。这一过程称为拟订施工方案。

施工方案拟订的内容主要包括确定施工过程数、划分施工段；安排施工顺序确定施工流向；明确施工方法、选择施工机械。

1. 确定施工过程数、划分施工段

(1)确定施工过程数(n)。确定施工过程数是指为了表达整个工程的施工进度计划活动，而选择具有代表性的施工项目名称的个数。通过施工预算或施工图预算可知，一个工程是由许多分项工程组成的。在做计划时，如果以每一个分项来作为表达施工计划的名称，那么做出的计划就会繁杂而庞大，不利于管理。因此，为了避免以上问题，将性质相近、互有联系的细小分项合并成为一个综合分项，一个综合分项即为一个"施工过程"。

一个工程需要确定多少个施工过程数，目前没有统一规定，一般以能表达一个工程的完整施工过程，又能做到简单明了进行安排为原则，即"施工过程完整、项数简单明了"的原则。

简单的装饰装修常划分为墙面装饰工程、吊顶装饰工程、楼地面装饰工程、门窗装饰工程、幕墙装饰工程、细部装饰工程六个施工过程。复杂装修可以按部位和材料划分得更细致一些。

(2)划分施工段(m)。划分施工段的目的是将工程项目分成几个施工区段，当一个工种完成一个施工段后，即进行下一个施工段的施工，这样，就可以较少的投入完成同样规格要求的工程任务，从而提高施工效率，达到降低工程施工费用的目的。划分施工段的大小和多少一般没有具体的规定，但应遵循以下四个原则进行划分：

1)施工段的分界线，应与结构线相一致。如房屋中存在沉降缝、高低层交界线、单元分隔线等，应以这些结构线为基础确定施工段的分界线。

2)施工段的大小应满足劳动组织所需工作面的要求。也就是说，划分施工段时应考虑施工小组人员最小搭配后的活动范围要求或施工机械活动幅度范围的要求，故此施工段不能划分得太小，否则会形成拥挤阻塞而影响施工效率。

3)施工段与施工段之间的最大量差最好控制在15%以内，这样可以形成有节奏地、连续地均衡施工。

4)在多层楼房结构中，若采用流水作业法进行连续施工时，对每一层所划分的施工段数应取大于或等于该层的施工过程数。否则就会产生停歇窝工现象而不能达到连续施工的目的。

装修工程部分常以层为段划分，一层楼为一个施工段。对于工作面很长的楼层也可以按一层分为两个施工段。

【例】 某装修工程施工段划分如下：水暖队以每层及每个自然间为一流水段，两个施工层同时施工；泥水队以每层每个电梯厅为一流水段；油漆工队以每层及每个自然间为一流水段，两个施工层交叉施工；其他专业施工队交叉施工。

【例】 某装饰工程装修的内容为7～24层的电梯厅、公共走廊和标准住宅。根据施工安排，可将整个装饰工程分为上、中、下三个施工区平行施工，每区分三段流水作业。三个区的施工起点分别为24层、18层、12层，施工流向为自上而下，如图2-3所示。

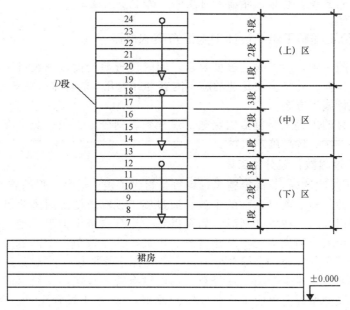

图 2-3 流向图

【例】 某宾馆改造工程，现拟装修内容为 19 套客房、4 套豪华套房、2 间电梯间、2 间办公室、1 间总经理办公室及辅助用房。采用流水作业，将工程划分为两个施工段。南侧楼道、客房及电梯间为第一施工段；西、北侧楼道及客房、小电梯厅为第二施工段，由第一施工段向第二施工段流水。

2. 确定施工流向、安排施工顺序

确定施工流向、安排施工顺序是指将上述已确定的施工过程和施工段，按具体工程情况和施工规律，明确排出它们投入施工的起点和先后次序。

(1)确定施工流向。单层建筑要确定出分段施工在平面上的施工流向，多层及高层建筑除要确定出每一层楼在平面上的流向外，还要确定出分层施工的施工流向，确定施工流向时，要考虑下面几个因素：

1)生产工艺过程往往是确定施工流向的关键因素。建筑装饰工程施工工艺的总规律是先预埋、后封闭、再装饰。在预埋阶段，先通风、后水暖管道、再电气线路。在封闭阶段，先墙面、后顶面、再地面；在调试阶段，先电气、后水暖、再空调；在装饰阶段，先油漆、后裱糊、再面板。建筑装饰工程的施工流向必须按照各个工种之间的先后顺序组织平行流水施工，若颠倒工序就会影响工程质量及工期。

2)对技术复杂、工期较长的部位应先施工。对有水、暖、卫、电工程的建筑装饰工程，必须先进行设备管线的安装，再进行建筑装饰工程施工。

3)建筑装饰工程必须考虑满足用户对生产和使用的需要。对于用户要求急的部分应先进行施工，对于高级宾馆，饭店的建筑装饰改造，往往采取施工一层(或一段)交用一层(或一段)的做法，使之满足企业运营的要求。

4)上下水、暖、卫、电的布置系统，应根据水、暖、卫、电的系统布置，考虑流水分段。如上下水系统，要根据干管的布置方法来考虑流水分段，以便于分层安装支管及试水。

受以上这些因素的影响，建筑装饰装修工程的施工顺序和流向有多种方案可供选择，下面介绍三种较为常用的方案：

1)"自上而下"的起点流向，这种方案是一种常用的施工方案。自上而下的施工起点流向通常是指主体结构工程封顶、做好屋面防水层后，从顶层开始，逐层往下进行。

这种起点流向的优点是新建工程的主体结构完成后，有一定的沉降时间，能保证装饰工程的质量。做好屋面防水层后，可防止在雨期施工时因雨水渗漏而影响装饰工程质量。自上而下的流水施工，各工序之间交叉少，便于组织施工，从上往下清理建筑垃圾也较方便；其缺点是不能与主体施工搭接，因而施工周期长。

对高层或多层客房改造工程来说，采取自上而下进行施工也有较多的优点，如在顶层施工，仅下一层作为间隔层，停业面积小，不影响大堂的使用和其他层的营业。卫生间改造涉及上下水管的改造，从上到下逐层进行，影响面小，对营业影响较小。装饰施工对原有电气线路改造时，从上而下施工只对施工层造成影响。

2)"自下而上"的起点流向，是指当结构工程施工到一定层后，装饰工程从最下一层开始，逐层向上进行。

这种起点流向的优点是工期短，特别是对于高层和超高层建筑工程，其优点更为明显。在结构施工还在进行时，下部已装饰完毕，达到运营条件，可先行开业，业主可提前获得经济效益；其缺点是工序之间交叉多，需很好地组织施工，并采取可靠的安全措施和成品保护措施。

3)"自中而下再自上而中"的起点流向，这种方案综合了上述两者的优缺点，适用于新建工程中的中、高层建筑装饰工程。

这一方案的优点是因结构和装修可同时穿插进行，从而缩短工期；同时，因结构与装修层之间存有二、三层楼板的隔离，故也不会影响下层墙地面的整洁性，从而保证装修工程的质量；其缺点是安排计划比较麻烦，只适用于层数较多(至少6层以上)的建筑。

室外装饰工程一般采取"自上而下"的起点流向，但湿作业石材外饰面施工和干挂石材外饰面施工一般采取"自下而上"的起点流向。

(2)安排施工顺序。施工顺序是指分部分项工程施工的先后次序。合理确定施工顺序是编制施工进度计划、组织分部分项工程施工的需要，同时，也是为了解决各工种之间的搭接问题，减少工种之间的交叉破坏，以期达到预定质量目标，充分利用工作面，实现缩短工期的目的。

1)确定施工顺序时应考虑以下因素：

①遵循施工总程序。施工总程序规定了各阶段之间的先后次序，在考虑施工顺序时应与之相符。

②符合施工工艺要求。如纸面石膏板吊顶工程的施工顺序为：顶内各管线施工完毕→打吊杆→吊主龙骨→电扫管穿线、水管打压、风管保温→次龙骨安装→安罩面板→涂料。

③按照施工组织要求。

④符合施工安全和质量要求。如室外装饰应在无屋面作业的情况下施工；地面施工应在无吊顶作业的情况下进行；大面积刷油漆应在作业面附近无电焊的条件下进行。

⑤充分考虑气候条件的影响。如雨季天气太潮湿不宜安排油漆施工；冬季室内装饰施工时，应先安装门窗扇和玻璃，后做其他装饰项目；高温天气不宜安排室外金属饰面板类的施工等。

2)装饰工程的施工顺序：装饰工程可分为室外装饰工程和室内装饰工程两类。室外装饰工程和室内装饰工程的施工通常按照先内后外、先外后内和内外同时三种顺序进行。具体选择哪种顺序可根据现场施工条件和气候条件及合同工期要求来确定。通常外装饰湿作业、涂料等施工应尽可能避开冬、雨季进行，干挂石材、玻璃幕墙、金属板幕墙等干作业施工一般受气候影响不大。外墙湿作业施工一般是自上而下(石材墙面除外)，干作业施工一般采取自下而上的方式进行。

室内装饰施工的主要内容有顶棚、地面、墙面装饰，门窗安装和油漆，固定家具安装和油漆，以及相应配套的水、电、风口(板)安装、灯饰、洁具安装等。施工顺序根据具体条件不同而不同。其基本原则是：先湿作业、后干作业；先墙顶、后地面；先管线、后饰面。房间使用功能不同，做法不同，其施工顺序也不同。

按照《国务院办公厅关于大力发展装配式建筑的指导意见》(国办发〔2016〕71号)，应创新装配式建筑设计和推进建筑全装修，即统筹建筑结构、机电设备、部品部件、装配施工、装饰装修，施行装配式建筑装饰装修与主体结构、机电设备协同施工，积极推广标准化、集成化、模块化的装修模式，促进整体厨卫、轻质隔墙等材料、产品和设备管线集成化技术的应用，提高装配化装修水平。实现装修与建筑主体同步设计、同步施工、同步验收。

装配式建筑一体化装修就是在建筑空间里进行更为细致深入的室内研究，运用标准化手段，提高内装部品的通用率和互换率，建立空间与部品、部品与部品之间统一的边界条件、接口技术、几何尺寸，实现全产业链通用标准体系。

【例】 本项目四层的施工顺序采用按分项工程立体交叉流水作业，即4→3→2→1层，每层先客房及公共用房，后走廊及交通部分。每间用房施工顺序为：清理→放线→墙体基层处理→顶棚龙骨→机电线路改造、安装、调试→顶棚封顶、细部装修→墙面盒后线安装→木门→地面基层→墙面装饰层→细木装饰、油漆→花饰、五金、灯具安装→家具放置→清理封门、成品保护。

【例】 某私人别墅装修，其施工作业管理区划分为A、B两个作业区。其中A作业区又分为主宅二层、主宅首层、室内泳池三个流水施工段，其施工程序如下：主宅二层→主宅首层→室内泳池；B作业区划分为客房二层和山顶别墅、客房首层、连廊三个施工段，施工程序为：客房二层和山顶别墅→客房首层→连廊。每个施工段的施工顺序如图2-4所示。

【例】 某宾馆装饰工程施工顺序如下：本工程是由主楼和配楼组成的，并以变形缝将其分为两个单位工程，从实物量、工作面及平面交通关系来看，本工程可由两个项目部承担，与土建工程搭接施工的同时，组织两个项目部平行流水作业，这样既可以消除劳动力窝工或过分集中，便于均衡生产，又可避免作业面的闲置。对材料部门来讲，也可实现均衡消耗，减少运输压力。本工程施工顺序安排如图2-5所示。

3. 明确施工方法、选择施工机械

在拟订单位工程施工方案时，明确主要施工过程需要采用哪种施工方式和方法进行施工是指导具体施工工作，做好备工、备料、备机的一项基本任务。

(1)选择施工方法应考虑以下问题：

1)目的性。建筑装饰的基本要求是满足一定的使用、保护和装饰功能。根据建筑类型和部位的不同、装饰设计的目的不同，因而引起的施工目的也不同。例如，内、外墙体的饰面，除美化环境外，还有保护墙体的作用；剧院的观众大厅除满足美观舒适外，还有吸声、不发生声音交叉、无回声的要求；洁净车间的室内装饰，不但要求美观，而且要求装饰细部不出现妨碍清洁的死角，墙面和地面不产生粉尘。有特殊使用要求的装饰工程还有不少，在施工前充分了解所装饰工程的用途，了解装饰的目的是确定施工方法的前提(选定材料和做法)。

2)地点性。装饰施工的地点性包括两个方面：一是建筑物的所处地区在城市中的位置；二是建筑装饰施工的具体部位。

①地区的气象条件对装饰施工影响很大，温度变化会影响到饰面材料的选用、做法和设备；风力大小会影响室外粘贴、悬挂饰件；地理位置所造成太阳高度角会影响到遮阳构件的布置和墙面色彩的选用等。

②地区所处的位置对装饰施工的影响有交通运输条件、市容整洁、大型临时设施的布局等。

③装饰部位的不同与施工也有直接的联系。根据人的视平线、视角、视距的不同，装

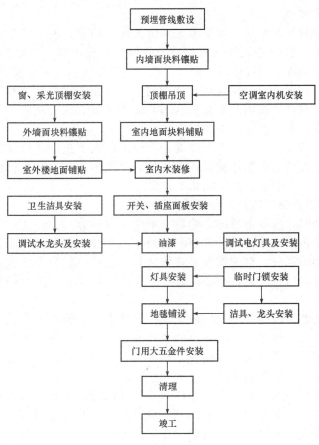

图 2-4 施工顺序图

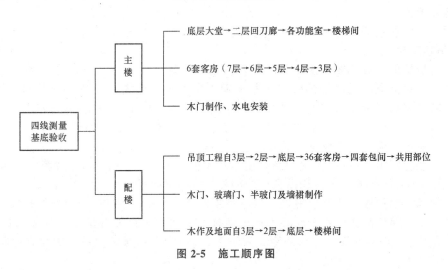

图 2-5 施工顺序图

饰部位的精细程度可以不同。在近距离看得到的部位宜做得精细一些，选用材料也应质量细腻，如室外入口处的装饰。而视距较大的装饰部位宜做得粗犷、有力，如室外高处的花饰要加大尺度，线脚凹凸变化要明显以加强阴影效果。

3）质量等级。在装饰施工中，质量等级由两个方面限定，即装饰材料的质量等级和装饰做法的质量等级。在施工中，选材和做法上要突出重点，一些次要部位即使装饰等级差一些也不会影响整体效果。

4)耐久性。选择材料和装饰方法要考虑到耐久性的问题，但不能要求建筑的装饰与主体结构的寿命一样长。因为建筑装饰要保持较长时间相当困难，在经济上也不一定合理，而且装饰风格也随特定的时间而更新。耐久是指一定程度而言，一般要求能维持3~5年即可。使用性质重要、位置重要的建筑或高层建筑，对饰面的耐久性应相对长些，对量大面广的建筑则不能要求过严。室内外装饰材料与其使用部位有很大关系，易受大气侵蚀、易污染、易磨损的部位，必须在施工中加强注意。

5)可行性。进行装饰施工，要在装饰设计合理的前提下进行，也要注意施工进度要求和装饰质量要求，还要具有限制造价及正确估价施工队伍的能力。可行性原则包括材料供应情况、施工机具、施工季节、经济性几个方面。

(2)装饰工程施工方法的选择主要包括以下几项：

1)选择施工方法时，应着重考虑影响整个单位工程的分部(项)工程的施工方法，主要是选择在单位工程中占重要地位的分部(项)工程，施工技术复杂或采用新技术、新工艺对工程质量起关键作用的部分。对于按照常规做法和工人熟悉的分项工程，在施工组织设计中只需要提出应注意的特殊问题，不必详细编写施工方法。这里重点强调室内外水平运输、垂直运输。

2)在进行建筑装饰工程施工时，一般来说，室外水平运输已不存在问题，在编写施工组织设计时可不予考虑；但在大、中城市的装饰改造工程中，由于改造项目在繁华街道处或受环卫方面的限制，应考虑运输时间及运输方式；目前，室内水平运输在装饰改造项目和新建工程装饰施工中一般采用手推车或人工运输。

3)垂直运输应根据现场实际情况、条件和业主(或总包)的要求来确定。新建工程可利用室外电梯或传统的井架解决垂直运输问题，也可利用已有的室内货梯运送材料；改造工程可利用原有电梯或搭设井字架；还有的工程因各方面原因只能采取人工搬运。总之，室内外运输、垂直运输对施工进度、费用，甚至施工质量都有较大影响，在编制施工组织设计时应认真考虑。

【例】 下面是某宾馆装修时编写的施工方案。

(1)吊顶工程。

1)石膏板吊顶。石膏板吊顶分为两个阶段施工：第一阶段为龙骨安装，将主、次龙骨安装就位后，对机电、通风等的管线进行专业安装。各专业安装完毕并通过隐蔽验收后，开始第二阶段即封板阶段的施工。封板阶段的施工需要总包单位协调各专业密切合作，各个水系统管道的打压试水工作必须在封板之前完成，其他专业的预留、开洞工作应与封板同时进行，避免封板以后造成返工或人员上顶施工。

龙骨吊筋应使用 φ8 冷拉低碳钢筋，端部套丝长度不小于 150 mm。吊筋与原结构顶部的连接使用 φ8 膨胀螺栓。大面积吊顶须按相关规范要求起拱。

2)矿棉板、铝扣板、塑铝板吊顶。轻型吊顶基本上应一次到位，在吊顶开始之前应预先将吊筋甩下，保证吊筋位置正确并不产生斜拉。大面积吊顶如首层营业厅要考虑向下支撑，撑杆使用∟40×4角钢，双向间距不大于3 m，在具备封板条件后一次完成封板，封板后吊顶严禁上人。

3)木饰面吊顶。木饰面吊顶的施工分为三个阶段，即吊顶龙骨的安装、木基层封板、木饰面面板及油漆。前两个阶段的施工与石膏板吊顶基本相同，但木基层胶合板需要做防火处理。木基层封板完成后，需再次严格确认吊顶上各专业的工作是否全部完成。木饰面使用 3.6 mm 厚的指定饰面板(胡桃木、花梨木等)，用胶粘剂固定在木基层上。胶干后要马上刷一道底油。

4)方钢网格吊顶。37层舞厅使用 40 mm 方钢网格吊顶。方钢网格烤漆需做预制加工。

网格吊顶需考虑灯光设备的承重要求，吊筋直径不小于 φ8，吊件使用—30×3 扁钢弯成 U 形，用螺丝与吊筋连接。

（2）木作工程。木作工程包括木饰面和各种饰面材料的木基层等。

1）木基层。除指定进口的胶合板和细木工板外，木基层采用红白松木制作的 20 mm×30 mm 木方或 30 mm×40 mm 木方，批量进板，现场开料。

2）木饰面。本工程使用的木饰面材料有红白榉木、红白影木、花梨木、花樟木、胡桃木、樱桃木、枫木、雀眼板等 10 余种，木饰面厚度应不小于 3.6 mm。为此，要求严格控制木基层的施工质量，并为木饰面的安装预留充足的作业时间。顶棚木网格和木百叶因工作量较小，也在现场加工。

3）实木线。榉木雕花门套、雕花栏杆扶手和舞台收口线等为设计师指定产品，必须定制。另外，应尽量去市场采购实木阴角线、各种收口线。如采购有困难，可经由本公司木材加工基地加工，批量运往工地。但现场仍需备用木线加工机械。

4）木门。除客房部分的木门外，其他部分的木门使用细木工板和胶合板在现场压制。客房部分的木门将承托加工厂加工。

（3）大理石工程。本工程使用的大理石量大、材料种类繁多，包括国产石材在内有 20 余种，使用部位包括地面、墙面、柱面、踢脚、天花角线、门套、各种台面等，需要优先解决材料订货加工问题。大理石的安装方法可分为湿作法、干挂法和胶粘法三种。

1）石材厚度问题。现有图纸很多地方没有标注石材厚度，为此需要说明：除图纸明确注明石材厚度的要按图施工外，未注明厚度的，干挂石材为 30 mm，湿作法石材当最大尺寸小于 800 mm 时，厚度为 20 mm，当最大尺寸大于 800 mm 时，厚度为 30 mm。

2）异型石材、角线、曲线拼花石材全部委托加工厂加工。37 层多功能厅、首层培训中心大堂等部位地面的大型拼花石材，要向加工厂提交预拼方案，将大型拼花预先黏结成几块，保证拼缝的严密平整。在运输过程中要采取严格的防护措施。矩形石材的加工视承接工作量的多少确定加工方法。现场安装一台大理石切割机，在切割机工作能力满足现场使用时，矩形石材在现场切割加工。

3）由于胶粘法施工的石材其基层常为木基层，故石材胶粘法施工不可大面积使用，石材最大尺寸不应大于 300 mm×300 mm。四层休息吧的墙面为青石饰面，其基层为五合板是不妥的，需要做洽商变更。

4）干挂石材的焊接框架需要做防腐处理。四季厅柱干挂石材使用∟40×40 镀锌角钢，建议改为刷防锈漆，铜丝干挂建议改为不锈钢角码。

此即为一个工程的施工方案。从这个例子可以看出不同的工程，由于现场条件的不同，施工安排的不同，施工方案也不尽相同。关键是该施工方案必须具有针对性。

小　结

施工部署和施工方案是施工组织设计文件中篇幅最大的一部分，也是后面内容编制的基础。编制施工方案需要有丰富的理论和实践经验；同时，对该项目的图纸、施工现场情况、施工单位资源很熟悉才能编制，是一个人综合能力的体现。

实训训练

实训目的：掌握施工方案的编制。

实训要求：在已编制工程概况的条件下，根据所给内容，编制装修装修施工方案。

实训题目(1)：

现需进行教学楼第三层的装修改造任务。该层有 5 间数室，每间面积为 60 m²；3 间办公室，每间面积为 30 m²，男女各 1 间公共卫生间。具体装修内容为：教室改造为现浇水磨石地面，墙面刷乳胶漆，天棚为 T 形龙骨矿棉板吊顶；办公室改造为铺 600 mm×600 mm 砖地面，墙面贴壁纸，吊顶为轻钢龙骨纸面石膏板吊顶。按照所给条件，编写施工方案。编写时要注意本校教学楼的位置和周围建筑的关系，做到合理、可行。

实训题目(2)：

某装饰公司承接了任务案例中别墅的首层装饰装修工作，作为项目经理，请你组织项目部成员编制该工程的施工方案，要求结合工程实际特点、内容完整，做到合理、可行。

学生也可自行选择别墅中的任一层或两层编写施工方案，做到内容完整，方案切实可行。

2.4　编制施工进度计划和资源需用量计划

2.4.1　编制施工进度计划

编制施工总进度计划要根据房屋的建筑面积、工期定额和装修复杂程度编制。具体到某一单位工程，施工进度计划编制的步骤如下：

(1)按施工图纸内容，逐项计算各施工段的工程量。

(2)套用定额、计算劳动量(工日)。

(3)确定施工人数。

(4)确定施工天数：天数＝劳动量/施工人数。

(5)根据天数绘制横道图或网络图施工进度计划。

(6)在施工进度计划的下方绘制出劳动力曲线，并对劳动力曲线进行调整。

工程量计算是施工组织设计中花费时间和精力最多的一项工作，不同的项目有不同的计算方法，这些内容在做预算时已经介绍过，故在此不再赘述。计算出工程量后即可知道劳动量。劳动量的单位是工日，那么如何安排各施工过程的施工人数和计算施工段的施工天数呢？施工人数的确定应按照不同工种对工作面大小的要求而定，最小劳动力组合确定的方法有经验估计法和工作面计算法两种。

(1)经验估计法：根据设计人员的施工经验，只要能满足最小劳动力组合和能够不受干扰地开展工作即可，人数不是绝对的，尤其当甲方限定工期时，更是只能采用倒推法，即先定工期后定人数。

(2)工作面计算法：在已往若干工程资料数据的基础上，经统计分析得出生产工人在某施工过程中，每个人所平均占有的生产空间或所能平均承担的生产数量，如内墙抹灰：18.5 m²/人，水泥砂浆屋面：16 m²/人，玻璃油漆：20 m²/人。

施工人数确定后，即可求出施工天数。施工天数＝劳动量/施工人数。施工天数确定后，即可绘制施工进度计划，具体的绘制要求，在后面讲述。

【例】　一个小型幕墙工程施工进度计划示例如图 2-6 所示。

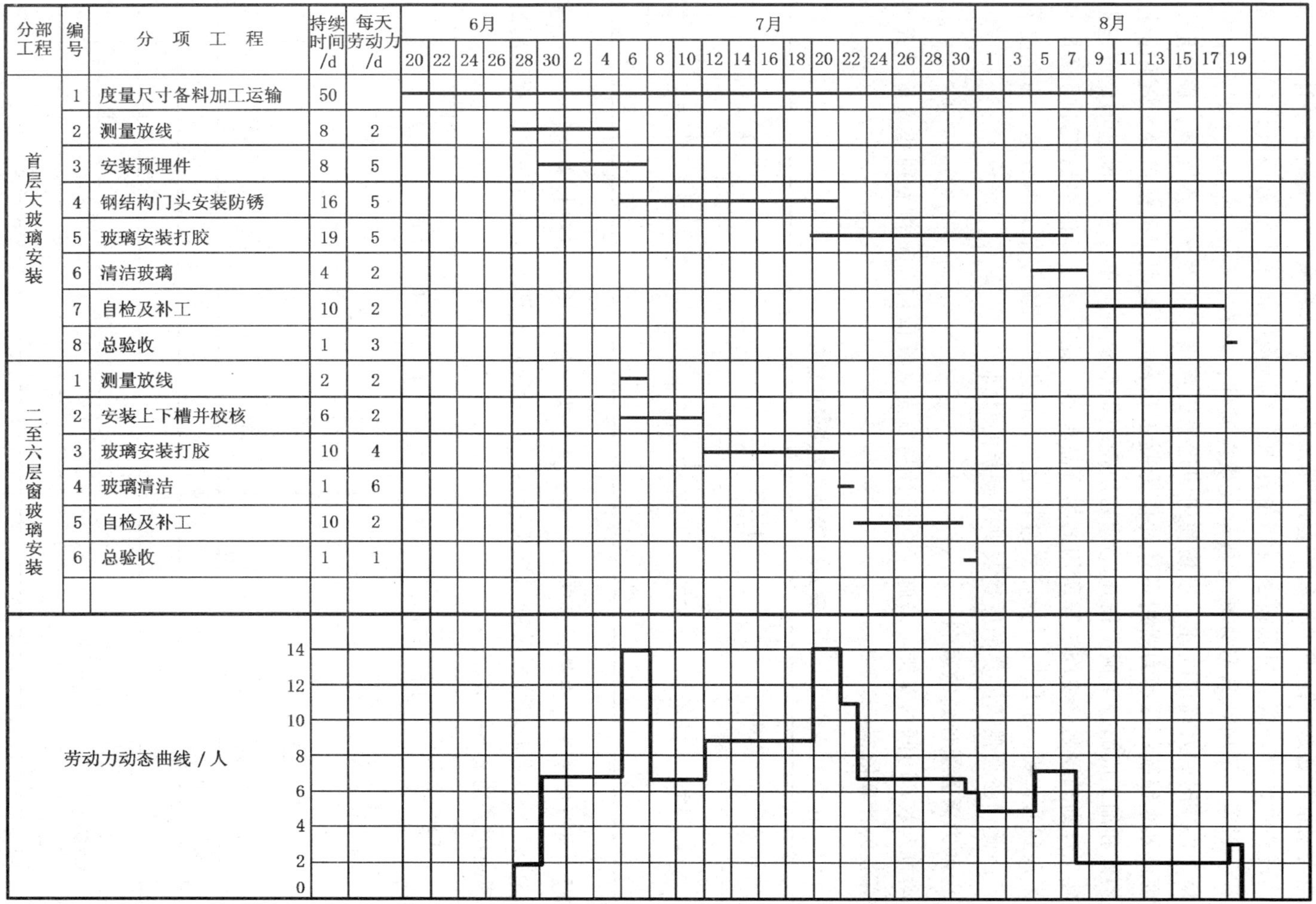

分部工程	编号	分项工程	持续时间/d	每天劳动力/d
首层大玻璃安装	1	度量尺寸备料加工运输	50	—
	2	测量放线	8	2
	3	安装预埋件	8	5
	4	钢结构门头安装防锈	16	5
	5	玻璃安装打胶	19	5
	6	清洁玻璃	4	2
	7	自检及补工	10	2
	8	总验收	1	3
三至六层窗玻璃安装	1	测量放线	2	2
	2	安装上下槽并校核	6	2
	3	玻璃安装打胶	10	4
	4	玻璃清洁	1	6
	5	自检及补工	10	2
	6	总验收	1	1

进度表时间轴：6月（20 22 24 26 28 30）、7月（2 4 6 8 10 12 14 16 18 20 22 24 26 28 30）、8月（1 3 5 7 9 11 13 15 17 19）

劳动力动态曲线/人（0 2 4 6 8 10 12 14）

图 2-6　进度计划图

· 31 ·

2.4.2　编制资源需用量计划

资源需用量计划是指在施工期所需要的人、材料、机械等施工数量的准备计划。其包括劳动力需要量计划、施工机具设备需用量计划、预制构件和加工件需用量计划和主要材料需用量计划等。每项计划必须要有数量及供应时间。材料、设备需用量计划作为备料、供应数量、供应时间及确定仓库、堆场和组织运输的依据，可根据工程预算、预算定额和施工进度计划来编制；劳动力需用量计划作为劳动力平衡、调配和衡量劳动力耗用指标的依据；构件和加工成品、半成品需用量计划用于组织落实加工单位和货源进场，可根据施工图及施工计划来编制，装饰工程所用的物资品种多、花色繁杂，许多物资不是从市场可以直接采购到的，要由工厂按订货计划进行生产，这些工厂散布在全国各地，有的要向国外订货，因此，必须强调供货的质量及供应到货的时间。

1. 劳动力需要量计划的编制

劳动力人数和时间的安排，以施工进度计划表为计算依据；工种类别和数量以劳动量原始计算表为计算依据(表2-2)。

表 2-2　劳动力需用量计划表

序号	项目名称	工作量	用工量/工日	安排人数	月份											
					1	2	3	4	5	6	7	8	9	10	11	12

【例】　某学院学员宿舍楼，地下为一层，地上为九层，建筑面积共为 6 000 m²，建筑高度为 31.95 m，梁板式筏形基础，框架结构。该工程施工管理人员针对本工程编制的施工计划横道图如图 2-7 所示。

分项工程名称	工种名称	每月人数	1月	2月	3月	4月	5月	6月	7月	8月	9月	10月
土方基础工程	普通工	20										
	钢筋工	30										
	木工	30	———									
	混凝土	20										
	架子工	25										
	防水工	5										
地下结构工程	普通工	20										
	钢筋工	50										
	木工	60		———								
	混凝土	30										
	架子工	25										
	防水工	5										

图 2-7　施工计划横道图

分项工程名称	工种名称	每月人数	1月	2月	3月	4月	5月	6月	7月	8月	9月	10月
地上结构工程	普通工	20										
	钢筋工	50										
	木工	60										
	混凝土	30										
	架子工	25										
	防水工	5										
屋面及装修工程	架子工	20										
	瓦工	40										
	抹灰工	40										
	防水工	10										
	油漆工	10										
	木工（装修）	20										

图 2-7 施工计划横道图（续）

根据图中的内容计划每月的劳动力需要量，将统计结果填入表 2-3 中相应的位置。

中国建筑文化：
中国传统建筑所用
到的木作工具

表 2-3 劳动力用量表

序号	工种名称	需用工总数	1月	2月	3月	4月	5月	6月	7月	8月	9月	10月
1	普通工	120	20	20	20	20	20	20				
2	钢筋工	280	30	50	50	50	50	50				
3	木工	330	30	60	60	60	60	60				
4	混凝土工	170	20	30	30	30	30	30				
5	架子工	230	25	25	25	25	25	25	20	20	20	20
6	防水工	70	5	5	5	5	5	5	10	10	10	10
7	瓦工	160							40	40	40	40
8	抹灰工	160							40	40	40	40
9	油漆工	40							10	10	10	10
10	木工（装修）	80							20	20	20	20
	合计	1 640	130	190	190	190	190	190	140	140	140	140

2. 施工机具设备需用量计划的编制

施工机具设备需用量计划是指为完成施工计划所安排的施工任务，而需要的主要施工机械和设备的供应计划，作为落实机具设备并能按时组织进场的依据。

表 2-4 中机械设备的名称、规格型号和需用量，应以施工方案所拟订的内容为依据；使用时间应以施工进度计划表相应施工过程所投入的时间为依据。

表 2-4　主要施工机具需用量计划

序号	机具名称	机具型号	需 要 量		供应来源	使用起止时间	备 注
			单位	数量			

3. 预制构件和加工件需用量计划的编制

预制构件和加工件需用量计划是指按设计要求，需要预制和现场制作的构配件的需用量计划，其作用是便于落实加工任务和按时组织进场，见表 2-5。

表 2-5　预制构件、外加工件需用量计划表

序号	品名	规格	图号	常用量		使用部位	加工单位	拟进场期	备注
				单位	数量				

创新创造——中国
首台装修机器人

4. 主要材料需用量计划的编制

主要材料需用量计划是指在施工期间，所需使用的各种主要材料的使用量计划。其主要作用是为材料部门的备料订货和组织货源提供计划依据。材料的品种依设计图纸而定；材料的数量通过计算确定，见表 2-6。

表 2-6　主要材料需要量计划表

序号	材料名称	规 格	需要量		拟进场时间	备注
			单位	数量		

📖 小　　结

施工进度计划和资源需用量计划是施工时进度控制和资源控制的基础，编制好这一内容对施工安排具有指导性作用，应认真仔细计算，做到不漏算。

📝 实训训练

实训目的：掌握施工进度计划的编制和资源需用量计划的编制。

实训要求：(1)编制施工进度计划。

(2)编制劳动力需用量计划，主要施工机具需用量计划，主要材料需用量计划。

实训题目(1)：

根据上一实训任务中已编制的施工方案，编写教学楼第三层的装修改造进度计划及资

源需求量计划。要求施工资源供应均衡，施工顺序、施工段划分合理，施工方法选择恰当，能指导施工。

实训题目(2)：

项目经理编制完成别墅首层的施工方案后，带领项目部成员编制别墅首层装饰装修工程的施工进度计划及资源需求量计划，要求资源供应均衡，施工顺序、施工段划分合理，施工方法选择恰当，能指导施工。

学生也可在上一任务中对别墅中的一或两层编写施工方案的基础上，编制施工进度计划和资源需求量计划，做到施工顺序合理，计划切实可行。

2.5　编制施工准备工作计划

施工准备是完成单位工程施工任务的重要环节，也是单位工程施工组织设计中的一项重要内容。施工人员必须在工程开工之前，根据施工任务、开工日期和施工进度的需要，结合各地区的规定和要求做好各方面的准备工作。施工准备工作不但在单位工程正式开工前需要，而且在开工后，随着工程施工的进展，在各阶段施工开始之前仍要为各阶段的施工做好准备。因此，施工准备工作是贯穿整个工程施工始终的环节。施工准备工作的计划包括以下内容。

2.5.1　技术准备

1. 熟悉会审施工图纸

建筑装饰设计的施工图，包括建筑装饰及与之有关的建筑、结构、水、电、暖、风、通信、消防、煤气、闭路电视等。建筑装饰施工图包括固定装饰类施工图和活动装饰类施工图。在熟悉图纸时，必须注意各个专业图纸相互之间有无矛盾(包括平面位置、几何尺寸、标高、材料及构造做法、要求标准等)。要了解工程结构及建筑装饰在强度、刚度和稳定性等方面有无问题；设计是否符合当地施工条件和施工能力。例如，采用新技术、新工艺、新材料，施工单位有无困难，需用的某些高级建筑装饰材料设备的资源能否解决；哪些部位施工工艺比较复杂，哪些分项工程对工期的影响较大；建筑装饰施工与水、电、暖、风等的安装在配合上有哪些困难，对设计有哪些合理化建议等。

在熟悉图纸的基础上组织图纸会审，研究解决有关技术问题，将会审中共同确定的问题形成会议纪要，办理技术洽商。表 2-7 是一种图纸会审记录格式。

2. 编制和审定施工组织设计

单位工程施工组织设计编制的好坏，直接影响到单位工程的施工质量、工期、劳动力及材料的消耗，其与企业的经济效益有紧密的关系。单位工程施工组织设计根据工程大小、技术复杂程度，可以分别由企业的公司、工程处及施工队来编制。单位工程施工组织设计一般采用领导、技术人员、班组骨干三结合的办法来编制。要求结合实际情况、单位现有技术、物资条件，因时、因地、因条件进行编制。单位工程施工组织设计均由上一级单位技术部门负责人负责组织审定工作，由施工单位技术总负责人审批。

建筑装饰工程的施工组织设计应由参与施工的总包单位和分包单位按专业不同分工负责，最后由总包单位协调统一编著成文。审定时，需要总包单位与分包单位有关人员共同参加。

3. 编制施工预算

在建筑装饰工程施工中，每项工程都是由几个、几十个单个工作项目组成，但主要工作项目的名称是比较一致的，如贴壁纸、轻钢龙骨安装、石膏板吊顶、铺地毯等项目。工作项目名称所包含的内容，是有一定限度的，如卫生洁具安装项目可分为安装浴缸、安装洗面器、安装大便器、安装五金配件等。项目名称所包含的内容不仅关系到材料、设备的数量，也关系到每个工种的用工数量。在编制施工预算时，工程量必须精确，材料、设备必须用统一的单位名称，即工程量单位与劳动效率的单位要一致。

表 2-7　图纸会审记录

工程名称：某康乐城　　　　　　　　　　　　　　　　　　　　　　　　　　　第　页

建设单位	某房地产开发公司	监理单位	某建设监理咨询 有限责任公司
设计单位	某工程设计咨询 有限责任公司	施工单位	某集团建筑安装 有限责任公司
图号	图纸问题		图纸问题交底
装饰—3			同意
装饰—8			改为石膏板
装饰—22			见后补图

建设单位会签栏： （公章） 项目负责人：　　　年　月　日	设计单位会签栏： （公章） 项目负责人：　　　年　月　日
施工单位会签栏： （公章） 项目负责人：　　　年　月　日	监理单位会签栏： （公章） 项目负责人：　　　年　月　日

编制施工预算仅仅使用国家或地方的现有劳动定额、材料定额是不够的，还必须结合施工方案、施工方法、气候条件、场地环境、交通运输等的具体情况。在装饰工程尤其是高级装饰工程中，有些项目还没有国家或地方定额，要依靠企业本身积累资料制定参考定额。

4. 各种加工品、成品、半成品技术资料的准备

各种加工品、成品、半成品的技术资料包括材料、设备、制品等的规格、性能、加工图纸、说明等。对于受国家控制供应的材料有时还得先行申报。

5. 新技术、新工艺、新材料的试制试验

在建筑装饰工程中，对新技术、新材料、新工艺往往要通过培训学习及做样板间来总结经验。有些建筑装饰材料需要通过试验来了解材质性能，以满足设计和施工需要。

2.5.2　现场准备

施工现场准备包括测量放线(轴线、标高),障碍物拆除,场地清理,道路及交通运输,临时用水、电、暖等管线敷设,生产、生活用临时设施,水平及垂直运输设备的安装等。

2.5.3　劳动力、材料、机具和加工半成品的准备

(1)调整劳动组织,进行计划及技术交底。
(2)组织施工机具、材料、构件、成品及半成品的进场(时间及场地)。

2.5.4　与分包协作单位配合工作的联系和落实

【例】　某康乐城装修时的施工准备工作。
(1)技术准备。
1)认真领会施工组织设计的各项内容和要求,组织本工程项目班子成员及施工作业人员进场。熟悉审查全部图纸,与相关专业进行技术协调,做好图纸会审工作。
2)会同业主与监理工程师对土建安装工程进行交接验收,以保证施工现场具备装修施工作业条件。
3)根据施工图纸及时计算各项工程量,编制施工方案和整体工程施工组织设计、项目质量计划,经业主及监理工程师批准后,在施工中严格实施。
4)编制切实可行的质量计划和技术措施,根据工程各阶段的特点,制订出预控措施,以确保工程受控。
5)接到施工图纸后,技术及预算人员及时编制材料采购计划(总计划及分计划),为材料进场提供依据。
6)各工长在每一分项工程交底前要认真理解。图纸和设计要求,确保工程质量做到合理用材,并应遵照当地劳动安全生产规定,编写技术交底和安全生产书面材料。工长的技术交底须报工程负责人批准方可实施。
(2)施工现场准备。
1)图纸会审、图纸交底。开工前公司设计部、工程部须共同对图纸进行认真会审,研究方案、工艺和材料,一经确认,将组织施工人员到场,由设计人员对其进行图纸交底。
2)根据施工现场及临时设施要求,布置临时水、电、通信、排泄等设施。
3)施工用电、水由建设单位提供。按表计量,按用量交费。
4)消防设施布置　在工地及易燃易爆物附近设置消火栓、灭火器。
(3)劳动力组织安排。
劳动力组织安排共计150名,其中:

木工	70人;	电焊工	3人;
油工	30人;	架子工	6人;
电工	10人;	机械工	2人;
美工	6人;	测量放线	2人;
模型	6人;	后勤	3人;
壮工	6人;	安全保卫	6人。

(4)材料准备。
1)根据分阶段材料计划及工序穿插、施工进度安排,做出材料进场的具体时间、数量计划。

2)各种材料均需提供样品，进行复验合格后，组织大批量进场，提前安排，及时组织供应。

3)开工前，根据所需材料的品种、规格、数量，认真编制外加工订货单。外加工产品如石材、抗静电地板、铝塑板制品、异形阳光板、玻璃等要根据施工进度表的具体时间提前排出。对于数量、批量较大的材料，要由设计人员和施工人员共同确认并签字，方可订货加工。

(5)机械准备。主要施工机械设备表见表2-8。

表2-8　主要施工机械设备表

设备	数量	设备	数量	设备	数量	设备	数量
大台锯	3台	电锤	15台	手电钻	35台	配电箱(小)	18个
多用锯床	6台	空压机(大)	3台	角磨机	6台	12 V变压器	6台
手提式电锯	8台	气泵	6台	云石机	6台	接线盒	4 000 m
曲线锯	3台	50气钉枪	20台	刻花机	3台	电缆线	35台
压刨	6台	30气钉枪	40台	手提式砂轮机	6台	盲钉枪	3台
电动切割锯	6台	电动磨光机	6台	修边机	3台	石材切割机	3台
电焊机	6台	圆孔锯	6台	配电箱(大)	3个	喷枪	3台

【例】　某装饰工程施工准备工作。

(1)技术准备。组织设计人员对其装修设计思想、主材选择、构造做法等进行技术交底。要使施工各专业工长明确设计要求，熟悉审查设计图纸及有关的技术资料。

组织各专业工长学习了解相关专业国家和当地的质量验评标准、施工工艺标准、规范等；装修工长要了解本工程选用的各种装修材料的技术性能、施工注意事项；编制好本专业施工作业指导书、技术交底；编制好主材采购计划书，做好主材选择、订货加工、数量、规格、来源及供货日期的计划，及时保证材料供应；对于新材料、新工艺，在了解其性能技术指标后，上报并经公司批准方能推广试用。

(2)施工机具及劳动组织准备。根据施工组织安排，对施工中的各类机具设备的数量、规格和进场时间做好准备，机具设备要先在场外进行检修保养，确保不带病运转。

按照开工进场日期和劳动力需要量计划，组织劳动力进场。同时，要对劳务队伍的施工人员做好入场安全、防火、现场文明教育。工程主要分项工程的施工工艺、质量标准、验收规范等也要向劳务队伍作书面或口头技术交底，并做好记录。建立健全岗位责任制和施工管理各项规章制度，组织宣传并签订责任状。

(3)施工现场准备。

1)临时用电、用水。在建筑物外首层西南角设置总配电箱1个，各层设置二级配电箱3个，每层根据现场实际情况，布置三级配电箱或开关箱若干个。

水源为建筑物外首层东南角的水井，经压力泵送至屋顶自制临时贮水箱，再经水箱立管送至各层，每层根据情况确定用水点，用水平支管连接，保证施工用水。

2)施工道路及垂直运输。建筑物四周基本可以形成环形路，由于东侧部分土堆和北侧围墙砌筑未完暂不能利用，其他均可利用。因为山庄里部分建筑已经营业，所以施工用车主要从西门进入现场。

垂直运输可在中厅和室外大门东侧各设置一个井字架，选用小型卷扬机解决材料运输问题。

脚手架根据工程实际情况，采用自制移动式脚手架来满足砌筑、吊顶、管风道的施工需要。

3)施工用材料库房。装修工程材料、卫生洁具、灯具等设备贮存应设有专用库房，库房要有专人管理材料发放，材料码放整齐，标牌清楚。库房要具备防盗、防火、防水、防爆的基本要求。

施工准备的充分与否，直接关系到施工过程能否顺利实施，对成本控制与进度控制也有很大的影响，所以，事前应详细搜集资料，做到心中有数。

实训训练

实训目的： 掌握施工准备计划的内容及编制方法。

实训要求： 不同工程施工准备内容不同，不能乱抄乱套。

实训题目(1)：

按照上一任务中给定的教学楼装修改造内容及教学楼的实际情况，写出现场准备内容。

实训题目(2)：

编制任务案例中别墅首层装饰装修工程的施工准备计划，要求内容完整，符合工程特点。

学生也可编制上一任务中所选别墅中的一或两层装饰装修工程的施工准备计划。

2.6　绘制施工平面布置图

施工平面图表明单位工程施工所需机械、加工场地，材料、成品、半成品堆场，临时道路，临时供水、供电、供热管网和其他临时设施的合理场地位置的布置。绘制施工平面图一般用 1：200～1：500 的比例。可以是平面的，也可以采用 BIM 技术绘制出的三维立体图。

对于工程量大、工期较长或场地狭小的工程，往往按基础、结构、装修分为不同施工阶段绘制施工平面图。建筑装饰施工要根据施工的具体情况灵活运用，可以单独绘制，也可以与结构施工阶段的施工平面图结合一起，利用结构施工阶段的已有设施进行绘制。

建筑装饰施工阶段一般属于工程施工的最后阶段。有些在基础、结构阶段需要考虑的内容已经在这两个阶段中予以考虑。因此，建筑装饰施工平面图中的内容要结合实际情况来决定。一般施工平面图主要有以下内容：

(1)地上、地下的一切建筑物、构筑物和管线位置。

(2)测量放线标桩、杂土及垃圾堆放场地。

(3)垂直运输设备的平面位置，脚手架、防护棚位置。

(4)材料、加工成品、半成品、施工机具设备的堆放场地。

施工现场平面
布置图示例

(5)生产、生活用的临时设施(包括搅拌站、木工棚、仓库、办公室、临时供水、供电、供暖线路和现场道路等)并附一览表。一览表中应分别列出名称、规格、数量及面积大小。

(6)安全、防火设施。

上述内容可根据建筑总平面图、现场地形地貌、现有水源、电源、热源、道路、四周可以利用的房屋和空地、施工组织总设计及各临时设施的计算资料来绘制。其具体要求如下：

(1)垂直运输设备(如外用电梯、井架)的位置、高度，须结合建筑物的平面形状、高度和材料、设备的质量、尺寸大小，考虑机械的负荷能力和服务范围，做到便于运输，便于组织分层分段流水施工。

（2）混凝土、砂浆搅拌机、木工棚、仓库和材料、设备堆放场地的布置。

1）木工棚、水电管道及金属的加工棚宜布置在建筑物四周的较远处，并有相应的木材、钢材、水电材料及其成品的堆放场地。单纯建筑装饰施工的工程，最好利用已建的工程结构作为仓库及堆放场地。

2）混凝土、砂浆搅拌站应靠近使用地点，附近要有相应的砂石堆放场地和水泥库；砂石堆放场地和水泥库必须考虑运输车辆的道路。

3）仓库、堆放场地的布置，要考虑材料、设备使用的先后顺序，能满足供应多种材料堆放的要求。易燃易爆物品及怕潮怕冻物品的仓库须遵守防火、防爆安全距离及防潮、防冻的要求。仓库、堆场面积大小可按材料储备量计算。其计算公式为

$$堆场、库房的面积 = \frac{材料不均匀系数 \times 材料储备期 \times 材料总需要量或总加工量}{施工总天数或加工期限 \times 材料储备定额 \times 面积利用系数}$$

式中　材料不均匀系数——材料在储存或加工时因数量变化而受影响的系数，一般取 $1.05 \sim 1.1$；

材料储备期——存放该材料所考虑的存放期限；

材料总需要量或总加工量——按计划施工期，所需要该种材料的总数量；可用概算指标或概算定额算出；

施工总天数或加工期限——在施工期内，使用或加工该种材料的总天数；可在总施工进度计划内逐项逐段查出而累计；

材料储备定额——规定该种材料在单位面积上所储存的数量；

面积利用系数——因各种原因而影响计划面积不可能全被使用的系数；一般砂、水泥场按下式计算：砂（石）堆放场地的面积 $= 46.4 \times$ 砂（石）总用量/使用砂（石）项目的施工天数；水泥库面积 $= 45 \times$ 水泥总用量/使用水泥项目的施工天数。

4）沥青熬制地点必须离开易燃品库并布置在下风向。

5）临时供水、供电线路一般由已有的水、电源接到使用地点，力求线路最短。消防用水一般利用城市或建设单位的永久性消防设施，如水压不够，可设置加压泵、高位水箱或蓄水池；建筑装饰材料中易燃品较多，除按规定设置消火栓外，在室内应根据防火需要设置灭火器。油漆间、木工房、木制品仓库等应按每 25 m^2 配备一个种类合适的灭火器，并成组设置。

①工地临时供水需计算三项内容，即计算总用水量、确定输水管规格、选择供水线路。

a. 总用水量的计算（Q）。工地总用水量 Q 包括工程用水量 q_1、施工机械用水量 q_2、现场生活用水量 q_3、生活区生活用水量 q_4 和消防用水量 q_5 五个方面。

ⓐ工程用水量 q_1 按下式计算：

$$q_1 = K_1 \sum \frac{Q_1 N_1 K_2}{T_1 t \times 8 \times 3\,600} \tag{2-1}$$

式中　K_1——不可预见施工用水系数，一般为 $1.05 \sim 1.15$，取其平均值 $K_1 = 1.1$；

K_2——现场施工用水不均衡系数，现场施工用水取 1.5；

Q_1——计划完成工程量；

N_1——施工用水定额；

T_1——年（季）有效作业天数；

t——每天工作班数；

$8 \times 3\,600$——将 1 工日（或台班）8 小时折算成秒。

ⓑ施工机械用水量 q_2 按下式计算：

$$q_2 = K_1 \sum \frac{Q_2 N_2 K_3}{8 \times 3\ 600} \tag{2-2}$$

式中 K_3——机械用水不均衡系数，施工机械用水取 2.0；

$\quad\quad Q_2$——同一种机械台数；

$\quad\quad N_2$——施工机械用水定额。

ⓒ现场生活用水量 q_3 按下式计算：

$$q_3 = \frac{P_1 N_3 K_4}{t \times 8 \times 3\ 600} \tag{2-3}$$

式中 K_4——现场生活用水不均匀系数，一般为 1.3～1.5，可取 $K_3 = 1.4$；

$\quad\quad P_1$——现场高峰施工人数；

$\quad\quad N_3$——用水电额。一般施工现场生活用水为 20～60 L/(人·天)。

ⓓ生活区生活用水量 q_4 按下式计算：

$$q_4 = \frac{P_2 N_4 K_5}{24 \times 3\ 600} \tag{2-4}$$

式中 P_2——生活区居住人数；

$\quad\quad N_4$——用水定额，一般居民区生活用水为 30～40 L/(人·天)。

ⓔ消防用水量 q_5 见表 2-9。

表 2-9 消防用水量

用水名称		火灾同时发生次数	单位	用水量
居住区消防用水	5 000 人以内	1	L/s	10
	10 000 人以内	2		10～15
	25 000 人以内	2		15～20
现场消防用水	施工现场面积在 25×10^4 m² 以内	2		10～15
	每增加 25×10^4 m²			5

ⓕ总用水量按以下三种情况确定：

当 $\quad\quad\quad q_1 + q_2 + q_3 + q_4 \leqslant q_5$ 时，$Q = 0.5(q_1 + q_2 + q_3 + q_4) + q_5$ \hfill (2-5)

当 $\quad\quad\quad q_1 + q_2 + q_3 + q_4 > q_5$ 时，$Q = q_1 + q_2 + q_3 + q_4$ \hfill (2-6)

当工地面积小于 5×10^4 m²，且 $q_1 + q_2 + q_3 + q_4 < q_5$ 时，$Q = q_5$ \hfill (2-7)

b. 输水管规格的确定。管径大小与输水量和流速有关。输水量即为 Q，流速 V 一般总管是 0.25～1.2 m/s，干管是 0.5～1.5 m/s，支管是 1.0～2.0 m/s，直径 $d = \sqrt{\dfrac{4Q}{1\ 000\pi V}}$ \hfill (2-8)

【例 2-2】 某教学楼工程，施工现场主要考虑如下用水量：混凝土和砂浆的搅拌用水（用水定额为 250 L/m³）、现场生活用水[用水定额为 60 L/(人·班)]、消防用水。已知施工高峰和用水高峰在第三季度，主要工程量和施工人数如下：日最大混凝土浇筑量为 1 000 m³；昼夜高峰人数为 200 人。干管和支管埋入地下 500 mm 处（$K_1 = 1.05$，$K_2 = 1.5$，$K_4 = 1.5$），计算该工程的总用水量。

解：a. 按日用水量最大的浇筑混凝土工程计算 q_1。已知 $K_1 = 1.05$，$K_2 = 1.5$，$N_1 = 250$ L/m³，T_1、t 均为 1，则施工用水量

$$q_1 = K_1 \sum \frac{Q_1 N_1 K_2}{T_1\, t \times 8 \times 3\,600} = 1.05 \times 1.5 \times 1\,000 \times 250 \div (8 \times 3\,600) = 13.67(L/s)$$

b. 由于施工中不使用其他特殊机械，故不考虑 q_2。

c. 施工现场生活用水量 q_3 计算。已知 $K_4 = 1.5$，$P_1 = 200$，$N_3 = 60$ L/(人·班)，$t = 1$，则施工现场生活用水量

$$q_3 = \frac{P_1 N_3 K_4}{t \times 8 \times 3\,600} = 200 \times 60 \times 1.5 / (8 \times 3\,600) = 0.63(L/s)$$

d. 因现场不设生活区，故不考虑 q_4。

e. 消防用水量 q_5。本工程施工现场面积远小于 25 公顷，取 $q_5 = 10$ L/s。

$$q_1 + q_2 + q_3 + q_4 = 13.67 + 0.63 = 14.3(L/s) > q_5 = 10(L/s)$$

f. 总用水量计算：

$$Q = 1.1(q_1 + q_2 + q_3 + q_4) = 15.73(L/s)$$

注：1.1 是考虑水的损失。

②临时供电管网的确定包括四步，即计算工地总用电量；选择配电变压器型号，核算导线的规格型号，确定配电线路的布置。

a. 计算总用电量。工地总用电量包括各种电力机械用电和室内外照明用电。

$$P = (1.05 \sim 1.1)\left(K_1 \frac{\sum P_1}{\cos\varphi} + K_2 \sum P_2 + K_3 \sum P_3 + K_4 \sum P_4\right) (kV \cdot A) \quad (2\text{-}9)$$

式中　P_1——电动机额定功率；

　　　P_2——电焊机额定功率；

　　　P_3——室内照明设备容量；

　　　P_4——室外照明设备容量；

　　　$\cos\varphi$——电动机的平均功率因素，一般为 $0.65 \sim 0.75$；

　　　K_1、K_2、K_3、K_4——使用系数，见表 2-10。

表 2-10　使用系数表

用电设备名称	数量/台	需要系数	
		K	数值
电动机	$3 \sim 10$	K_1	0.7
	$11 \sim 30$		0.6
	>30		0.5
加工厂动力设备			0.5
电焊机	$3 \sim 10$	K_2	0.6
	>10		0.5
室内照明		K_3	0.8
室外照明		K_4	1.0

【例 2-3】　某装修工程所需电器设备计划见表 2-11，求施工用电量。

表 2-11　某装修工程所需电器设备计划表

设备名称	单位	数量	功率/kW
400 mL 搅拌机	台	2	15
电锯	台	1	7.5
压刨	台	1	7.5

设备名称	单位	数量	功率/kW
平刨	台	1	2.8
振捣棒 φ50	台	2	3
蛙夯	台	1	1.1
平板振捣器	台	1	1.1
1.5 t 卷扬机	台	1	7.5
电焊机	台	1	20
气泵	台	2	3
手持工具			5
室内照明			2
室外照明			5
合计			63.84

解： $P = (1.05 \sim 1.1)\left(K_1\dfrac{\sum P_1}{\cos\phi} + K_2\sum P_2 + K_3\sum P_3 + K_4\sum P_4 \right)$

$= 1.05 \times (0.6 \times 53.5 \div 0.75 + 0.6 \times 20 + 2 + 0.8 \times 5)$

$= 63.84(\text{kW})$

b. 选择配电变压器。变压器应根据电容量和高低电压的大小，参照变压器性能选择。其中，电容量是指工地总用电量；高压电压是指供应电源的电压，一般都在 6 kV 以上；低压电压是指工地用电设备电压，一般为 380 V 或 220 V。

c. 选用导线截面面积。选用导线截面面积，应满足三个条件；当导线通电后应保证其电流值不超过容许发热程度的容许电流，导线截面面积越大容许电流也越大，但电压损失也会随之增加，因此，选择的截面应保证其电压降在允许范围内；导线的粗细应满足机械强度所要求的最小截面值。

d. 线路的布置。线路可架空也可埋设。架空线路应架设在道路的一侧，尽量选择平坦的地面，以保持线路水平，以免电杆受力不均。在 380/220 V 低压线路中，电杆的间距按 25～40 m 布置，并要求距离建筑物的水平距离大于 1.5 m，尽量使整个线路长度最短。线路埋深应不小于 0.7 m，禁止明拉。

（3）行政办公、生活临时设施的布置。

1）行政办公临时设施是指工地办公室、传达室、汽车库等临时房屋；生活临时设施是指工地职工宿舍、食堂、厕所、开水房等临时房屋。临时设施面积按下式计算：

面积＝使用人数×面积指标

式中　使用人数——基本工人、辅助工人、行政技术管理人员及辅助人员。

①基本工人是指直接参加施工的工人和施工过程中的装卸运输人。其计算公式为

基本工人平均人数＝施工工程总工日数×（1－缺勤率）÷施工有效天数

基本工人高峰人数＝基本工人平均人数×施工不均匀系数（1.1～1.3）

式中　缺勤率——5%；

施工有效天数——从开工到竣工期间除了节假休息日的计划施工天数。

②辅助工人是指不直接参加施工的工人，如施工机械的维护工人、仓库管理和搬运工人、动力设施的管理工人和冬季或特殊情况施工的附加工人等。其计算公式为

辅助工人平均人数＝基本工人平均人数×辅助工人系数（10%～20%）

辅助工人高峰人数＝基本工人高峰人数×辅助工人系数（10%～20%）

③行政技术管理人员按下式计算：

行政技术管理人员人数＝(基本工人平均人数＋辅助工人平均人数)×

管理人员系数(15%～18%)

④其他人员是指为建筑工地上居民生活服务的人员。其计算公式为

其他人员人数＝(基本工人平均人数＋辅助工人平均数)×其他人员系数(2.6%～7%)

行政办公、生活、福利临时设施面积指标可参考表 2-12 选用。

表 2-12　行政办公、生活、福利临时设施面积指标参考

临时房屋名称	使用人数项目	面积指标/(m²/人)
办公室	按管理人员人数	3～4
单层通铺	按工地高峰人数	2.5～3.0
食堂	按工地高峰人数	0.5～0.8
浴室	按工地平均人数	0.07～0.1
小卖部	同上	0.03
开水房	—	共 10～40 m²
厕所	按工地平均人数	0.02～0.07

2)临时设施的位置布置。行政办公临时设施的位置,要兼顾场内指挥和场外联系的需要,一般应布置在场区入口处的附近;生活福利临时设施的布置,应根据工程工地大小来考虑。当工地较小时,生活临时设施一般应布置在场区的下风方向,在不影响上班的情况下,要距离施工点稍远的清洁安静之地;当工地较大时,一般应布置在场区的中心地带,使其到各施工点的距离都能最短。除此之外,布置时应结合防水、卫生等一起考虑。

【例】　某工程施工平面布置图示例。某工程施工平面布置图如图 2-8 所示。

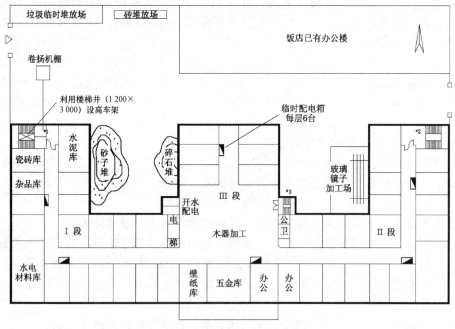

说明:
1. 水泥按每层用量直接到楼层分段进场(利用高车架)。
2. 纸面石膏板、木材(板)按层分段直接到楼层(利用高车架)。
3. 玻璃镜子利用3#楼梯人工向上搬运。
4. 卫生洁具利用原有电梯,分层分段夜间运送到楼层。
5. 施工层的下一层作为间隔层(停止营业),其余层正常营业。
6. 油漆按施工部位分段进场,放在开水间,专人发放。
7. 施工顺序:先Ⅱ段再Ⅲ段后Ⅰ段;地毯待油漆壁纸等施工完成后铺设。

图 2-8　某工程施工平面布置图

【例】 某工程施工平面布置图示例。某工程施工平面布置图如图 2-9 所示。

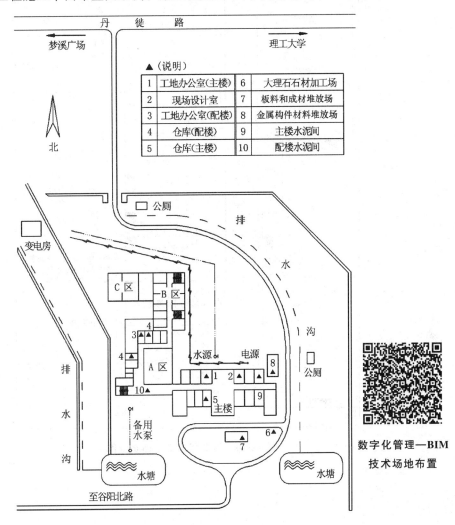

▲	（说明）		
1	工地办公室(主楼)	6	大理石石材加工场
2	现场设计室	7	板料和成材料堆放场
3	工地办公室(配楼)	8	金属构件材料堆放场
4	仓库(配楼)	9	主楼水泥间
5	仓库(主楼)	10	配楼水泥间

图 2-9　某工程施工平面布置图

【例】 某工程施工平面布置图示例。某工程施工平面布置图如图 2-10 所示。

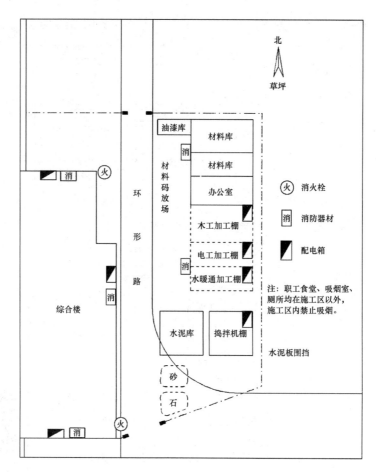

图 2-10 某工程施工平面布置图

![小结图标] 小　　结

　　施工平面布置图是施工组织设计文件的重要组成部分，也是安全文明施工的一部分。其安排的合理与否，直接关系到现场施工能否顺利实现。能否做到经济合理，也是对现场管理者指挥调度能力的检验。

![实训图标] 实训训练

　　实训目的：熟悉装修中用电量的计算；掌握施工平面布置图的绘制。
　　实训要求：装修中用的电机具比较多，计算时注意不要漏项。施工平面图的绘制也是如此，尤其注意消防要求。
　　实训题目(1)：
　　按照上一任务中给定的教学楼装修改造内容及教学楼的实际情况，绘制施工平面布置图，要求内容完整、布置合理。
　　实训题目(2)：
　　绘制任务案例中别墅首层装饰装修工程的施工平面布置图，要求内容完整，布置合理，绘制规范。

学生也可绘制上一任务中所选别墅中的一或两层装饰装修工程的施工平面布置图，要求内容完整，布置合理，绘制规范。

实训题目(3)：

(1)根据表2-13，计算用电量。

表2-13　用电量

序号	机具名称	单位	数量	用电量/kW
1	搅拌机	台	1	44
2	钢筋切断机	台	1	5.5
3	钢筋弯曲机	台	2	5.6
4	电焊机	台	2	40
5	电锯	台	2	7
6	钢筋冷拉设备	套	1	8
7	插入式振捣器	台	8	8.8
8	高压水泵	台	1	10
9	蛙夯机	台	2	3
10	切割机	台	2	1.5
11	电锤	台	4	8
12	其他设备			20
13	室内照明			15
14	室外照明			20

(2)根据如图2-11所示的布置图，找出布置的不合理处。

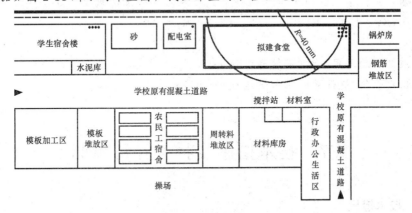

图2-11　布置图

(3)某装饰公司承接了某商场的室内、外装饰装修工程，该工程结构形式为框架结构，地上为六层，地下为一层。施工项目包括围护墙砌筑、抹灰、轻钢龙骨石膏板吊顶、地砖地面、门窗、涂饰、木作油漆和幕墙。在施工现场平面布置图中标注了下面内容：材料存放区；施工区及半成品加工区；各类消防器材存放区域；厂区内交通道路、安全走廊(设有明显标志)；总配电箱放置区、开关箱放置区；现场施工办公室、门卫；各类建筑机械放置区。根据工程特点，该施工现场平面布置图是否有缺陷？若有，请补充。

（4）某公司承接了某办公楼的装饰工程，平面图如图 2-12 所示，该楼共 6 层，首层为大堂和会议用房，2 层为出租用房，3 层为待租用房，4 层以上为办公用房。合同装饰范围为：办公、首层全部进行装饰，待租用房只进行隔墙、安装门和公共部分的施工；出租用房由租赁单位自行装修。该工程结构、初装修、水、电已施工完成，通过竣工验收，并完成了备案。

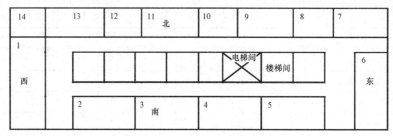

图 2-12　装饰工程平面图

问题：

1）如果由你来布置库房和现场临时办公室，你认为应该布置在哪层？说明理由。

2）该楼房北侧为居民楼，为防止施工噪声扰民，要求北侧窗在施工时一律用纸面石膏板进行临时封闭。临时设施要求布设的房间有水专业库房、电专业库房、通风专业库房、各分包库房、装饰材料库房、贵重物品库房 2 间、办公室 3 间、会议室 1 间，你认为办公室、会议室、贵重物品库房应布置在图中什么位置，为什么？

（5）某综合写字楼占地面积为 10 000 m²，总建筑面积为 50 000 m²，施工现场主要用水量：混凝土和砂浆的搅拌用水（用水定额 250 L/m³）、内燃挖土机[用水定额 200 L/(台班·m³)]1 台、现场生活用水[用水定额 100 L/(人·班)]、消防用水。根据施工总进度计划确定出施工高峰和用水高峰，主要工程量和施工人数如下：日最大混凝土浇筑量为 1 000 m³；昼夜高峰人数为 400 人（$K_1=1.05$，$K_2=1.5$，$K_3=2.0$，$K_4=1.5$）。

问题：

1）计算该工程的总用水量（不计漏水损失）。

2）计算供水管径（假设管网中水流速度 $v=1.5$ m/s）。

2.7　技术措施及技术经济指标

2.7.1　技术措施

1. 质量保证措施

确保放线、定位正确的措施；确保关键部位施工质量的措施；保证质量的组织措施；保证质量的经济措施。

2. 安全保证措施

建筑装饰工程施工安全控制的重点是防火、安全用电及装饰机械、机具的安全使用。工程施工前要及时编制安全技术措施，遇有特殊情况来不及编制完整的，也必须编制单项的安全施工要求；同时，编制的内容应具有针对性，要针对不同的施工现场和不同的施工方法，从防护上、技术上和管理上提出相应的安全措施；所编制的安全措施应具体化，能指导施工。

装饰工程安全措施的主要内容有以下几项：

(1)脚手架、吊篮、桥架的强度设计及上下道路的安全防护技术措施。

(2)安全网的架设要求。

(3)外用电梯的设置及井架、门式架等垂直运输设备拉结要求与防护措施。

(4)"四口""五临边"的防护和立体交叉作业场的隔离防护措施。

(5)凡高于周围避雷设施的施工工程、暂设工程、井架、龙门架等金属构筑物所采取的防雷措施。

(6)易燃、易爆、有毒作业及场所采取的防火、防爆、防毒措施。

(7)安全用电、安装使用电器设备及装饰机具、机械使用安全措施与防火要求。

(8)施工部位与周围通行道路、房间隔离、防护措施。

(9)施工人员在施工过程中个人的安全防护措施。

3. 成品保护措施

装饰工程所用材料比较贵重，成品保护工作十分重要，在编制技术组织措施时应考虑如何对成品进行保护。建筑装饰工程对成品保护一般采取"防护""包裹""覆盖""封闭"等保护措施，以及采取合理安排施工顺序等方式来达到保护成品的目的。

4. 保证进度措施

(1)组织措施。在项目班子中设置施工进度控制专门人员，具体调度、控制安排施工；施工前，进行分析并进行项目分解，如按项目进展阶段分、按合同结构分，并建立编码体系；确定进度协调工作制度；对影响进度目标实现的干扰和风险因素进行分析并加以排除。

(2)技术措施。利用现代施工手段、工艺、技术加快施工进度。

(3)合同措施。需外分包的项目提前分段发包、提前施工，并使各合同的合同期与进度计划协调。

(4)经济措施。对参加施工的各协作单位及人员提出进度要求，制订奖罚措施并及时兑现。

5. 消防、保卫措施

(1)消防措施。

1)施工现场的消防安全，由施工单位负责。施工现场实行逐级防火责任制，施工单位应明确一名施工现场负责人，全面负责施工现场消防安全管理工作，且应根据工程规模配备消防干部和义务消防员，规模较大的装饰工程现场应组织义务消防队。

2)实行工程总承包的装饰工程，总承包单位与分包单位签订分包合同时应规定分包单位的消防安全责任，由总承包单位监督检查。分包单位同样应按规定实行逐级防火责任制，接受总承包单位和业主方的监督检查。

3)临时建筑应符合防火要求，不得使用易燃材料。

4)施工作业用火必须经保卫部门审查批准，领取用火证。用火证只能在指定地点和限定时间内有效、动火时(如电焊、气割、使用无齿锯等)必须有专人看火。

5)施工材料的存放、保管应符合防火安全要求。油漆、稀料等易燃品必须专库储存，尽可能采取随用随进，由专人保管、发放、回收。

6)施工现场要配备足够的消防器材，并做到布局合理，经常检查、维护、保养、确保消防器材灵敏有效。

7）施工现场严禁吸烟。

8）各类电气设备、线路不准超负荷运行，线路接头要接实、接牢，防止设备线路过热或打火短路。

9）在现场材料堆放中，木料堆放不宜过多，各个堆垛之间应保持一定的防火间距。木材加工厂的废料应及时清理，防止自燃。

10）防水涂料及油漆施工时需要注意通风，严禁明火。

（2）保卫措施。

1）实行总承包单位负责的保卫工作责任制，各分包单位应接受总包单位的统一领导和监督检查。

2）施工现场应建立门卫和巡逻制度，护场人员要佩戴执勤标识，重点工程和重要工程要实行凭证出入制度。

3）做好分区隔离，明确人员标识，防止无关人员进入。

4）做好成品保护工作，严防被盗、破坏及治安灾害事故发生。

6. 环保措施

（1）清理施工垃圾，必须设置封闭式临时专用垃圾道或采用容器吊运（如采用编织袋等），严禁随意凌空抛撒。施工垃圾应集中堆放，及时清运。

（2）旧装饰物拆除时，应随时洒水，减少扬尘污染。

（3）凡进入现场搅拌作业的，搅拌机前台应设置沉淀池，以防止污水遍地。

（4）现场水磨石施工，必须控制污水流向，在合理位置设置沉淀池，经沉淀后的水方可排入市政污水管线。

（5）施工现场应遵照《建筑施工场界环境噪声排放标准》(GB 12523—2011)制订降噪制度和措施。

（6）饭店、宾馆等场所施工，必须按店方要求严格控制作业时间，一般不得超过 22 小时，必须昼夜连续作业的，应尽量采取降噪措施。

【例 2-4】 某装饰工程公司承接某市区内一栋 20 层的办公楼装饰工程，现安排某安全员负责该工地的消防安全管理，并做了如下工作：

（1）施工现场设置了消防车道；

（2）设置了消防竖管和消火栓，配备了足够的消防器材；

（3）电焊工从事电气设备安装和气焊作业时均要求按照有关规定进行操作；

（4）因施工需要搭设临时建筑，为了降低成本，就地取材，用木板搭建工人宿舍；

（5）施工材料的存放、保管均应符合防火安全要求；

（6）现场有明显的防火宣传标志，施工现场严禁吸烟；

（7）使用明火按照相关规定执行，专人看管，人走火灭；

（8）该工程的消防安全管理工作比较到位，在施工全过程中，未发生一起火警。

问题：

（1）该工地是否要设置消防车道？设置消防车道有哪些具体要求？

（2）简述该工地消防水平管、竖管的直径要求及消火栓接口楼层的分布要求。

（3）电气焊切割作业前，需办理什么证件？现场须做哪些消防准备工作？

（4）该施工现场搭设临时建筑时，对材料有什么要求？对搭建木板房有什么要求？

（5）对于装饰装修工程，施工现场对易燃易爆材料有哪些安全管理要求？

解：

(1)施工现场必须设置消防车道。本工程为 20 层办公楼，属高层建筑。因工程进入装修阶段，建筑主体已建成，故本工程的消防安全应按照《建筑设计防火规范(2018 年版)》(GB 50016—2014)的规定设置消防车道。

(2)消防进水平管直径不得小于 100 mm；消防进水竖管直径不得小于 65 mm。每隔一层设置一处消火栓口。

(3)电气焊切割作业前，需办理现场施工动用明火的审批手续、操作证和用火证。

电气焊切割作业前，现场需作消防准备工作，按照《建设工程施工现场供用电安全规范》(GB 50194—2014)的相关规定执行。动用明火前，要清理附近的易燃物，配备看火人员和灭火用具。施工现场必须采取严格的防火措施，指定防火责任人，配备灭火器材，确保施工安全。必须在顶棚内进行电气焊作业时，应先与消防部门商定，妥善布置防火措施后，方可施工。

(4)施工现场搭设临时建筑时，临时建筑材料不得使用易燃材料，城区内的施工一般不准支搭木板房。必须支搭时，需经消防监督机关批准。对搭建木板房有如下要求：

1)必须支搭木板房时，要有消防监督机关批准手续；

2)木板房应符合防火、防盗要求；

3)木板房未经保卫部门批准不得使用电热器具；

4)高压线下不准搭设木板临时建筑；

5)冬期炉火取暖须专人管理，注意燃料的存放；

6)木板临时建筑的周围应防火，疏散道路畅通，基地平整干净；

7)木板临时建筑应按现场布置图和临时建筑平面图建造；

8)木板临时建筑之间的防火间距不应小于 6 m。

(5)油漆、涂料、稀料必须集中存放，并远离施工现场，设专人管理，远离火源、配电箱、开关箱柜。油漆涂料施工现场不得动用电气焊等明火作业，同时，应增加施工现场空气对流及有害有毒气体的排放。

【例 2-5】 某建筑装饰工程公司承担了某大楼的室内、外装饰装修改造工程，工程位于市区。大楼建筑主体为框架结构，地下为 1 层，地上为 16 层，总建筑面积为 23 000 m²，施工项目包括旧装饰拆除、抹灰、吊顶、轻质隔墙、门窗、饰面板(砖)涂饰、裱糊与软包、细部、地面防水及铺贴、幕墙等。施工现场管理情况如下：

现场周围采用塑料彩条布设置了围栏，高度为 1.7 m，在入口处竖有工程概况牌、安全生产牌、文明施工牌，入口设有门卫，施工人员未佩戴胸牌；为了更方便，施工现场随处堆放有水泥、砂、瓷砖、饰面板材、幕墙金属材料、玻璃、石材等，拆旧废物和工程垃圾随意堆放；没有施工平面图；临时施工用电没有资料，配电箱、开关箱为方便使用均未上锁，任何人可随用随接，配电箱、开关箱各自设置了 1 个总漏电保护器，施工用电缆电线有的架高、有的拖地，有部分电动工具使用从开关箱引出的花线插线板供电，现场临时照明用电为 220 V；在施工现场 1 楼，工人正在铺贴地砖，现场昏暗，工人将 1 个碘钨灯头放在已做好的吊顶龙骨上用于照明；在施工现场 2 楼，设有 1 间临时物料库房，存放了各种装饰装修材料，2 名工人正在一边抽着烟，一边调配油漆；在施工现场 3 楼，设有职工宿舍；在施工现场 6 楼，木工正在进行现场制作加工，使用的电锯无防护罩；为方便物料运送，各楼层与物料升降机连接口敞开无护栏；楼顶脚手架上正在进行幕墙骨架焊接，共有 6 名电焊工分在 4 个作业点进行电焊，均未戴安全帽，未系安全带，其中三人有电焊工上岗证，另外三人没有，电焊作业没有用火证，未设看火人，未配备灭火器材；操作室外物料升降机的工人无操作上岗证；现场人员有的戴了安全帽，有的没戴安全帽。

问题：指出现场管理中存在的问题，并予以纠正。

解：

(1)门卫管理不够健全。应做到施工现场大门整齐，出入口设门卫，大门两侧标牌整洁美观，四周广告标语醒目，现场围墙规矩；市区工地的周边，应设置高度不低于1.8 m的有效护栏；临街脚手架、高压电缆、起重把杆回转半径伸至街道的，均应设置安全隔离棚。

(2)工程管理标牌不全。现场门口"五牌一图"应齐全，即施工总平面图、工程概况牌、安全纪律牌、防火须知牌、安全无重大事故计时牌、安全生产牌、文明施工牌，并应设立在入口醒目位置。

(3)人员管理不严格。施工人员应持证上岗，佩戴标牌。

(4)料具管理不规范。料具和构配件应码放整齐符合要求。不得在通道、楼梯、休息板、阳台上堆放材料和杂物。建筑物内外零散碎料和垃圾渣土可以适当设置临时堆放点，但须及时、定期外运，施工现场划区管理，应责任区分片包干，个人岗位责任制健全。施工材料和工具应及时回收、维修保养、利用、归库，做到工完、料净、场清。

(5)临时施工用电不符合规范。施工临时用电应有施工临时用电组织设计，并应严格按照其内容实施。现场的施工设备整洁，电器开关柜(箱)按规定制作安装，完整带锁，安全保护装置齐全可靠，并按规定设置；电缆电线应架高敷设，现场临时水电设有专人管理。禁止用花线插板供电，现场临时照明用电应用安全电压为36 V，不能使用碘钨灯，更不能将其放在吊顶龙骨上，以防人员触电伤害。

(6)施工现场不能设作仓库，不准存放易燃、可燃材料，因施工需要进入建筑物内的可燃材料，要根据工程计划限量进入并应采取可靠的防火措施。施工现场严禁吸烟，必要时应设有防火措施的吸烟室。建筑物内不准住人。

(7)施工电锯无防护罩。用于施工的电锯必修有防护罩，以防出现意外，造成人员伤害。

(8)各楼层和物料升降机连接口敞开无护栏。"临边四口"应设可靠有效的护栏。

(9)电焊工上岗证不齐全。电焊工从事电气设备安装和点、气焊切割作业，要有操作证和用火证。动火前，要消除附近易燃物，配备看火人员和灭火用具。用火证当日有效。动火地点变换，要重新办理用火证手续。

(10)物料升降机操作工人无操作上岗证。物料升降机应由经过专门培训的人员操作。

(11)安全帽管理不规范。现场人员应佩戴安全帽。

2.7.2 技术经济指标

技术经济指标是编制单位工程施工组织设计能体现的技术经济效果，应在编制相应的技术措施计划的基础上进行计算。其主要有以下几项指标：

(1)工期指标(与一般类似工程作比较)；

(2)劳动生产率指标[m²/(工·日)或工·日/m²]；

(3)质量、安全指标；

(4)降低成本率；

(5)主要工种工程机械化施工程度；

(6)主要原材料节约指标。

技术经济指标的计算

小 结

经济技术措施是施工组织设计最后一项内容，只需要根据每一具体工程的实际情况和施工队伍自身状况，有针对性的写一些，无须长篇累牍的抄规范。

实训训练

实训目的： 熟悉现场安全、文明施工措施。

实训要求： 不同施工现场，安全隐患不同，但文明施工要求相同。写措施时应注意这一点。

实训题目(1)：

按照上一任务中给定的教学楼装修改造内容及教学楼的实际情况，编制保障措施，要求内容完整、保障措施有针对性。

实训题目(2)：

编制任务案例中别墅首层装饰装修工程的保障措施，要求内容完整，符合本工程特点。学生也可编制上一任务中所选别墅中的一或两层装饰装修工程施工的保障措施，要求内容完整，符合本工程特点。

实训题目(3)：

(1)2017年9月，某施工单位承担了某办公楼装修工程，其现场消防管理如下：

1)施工现场入口处边上挂有一个严禁烟火的小牌；

2)项目经理部办公室上挂有安全员职责牌，写有负责消防管理的条目，无其他的消防管理资料；

3)3 m宽的通道兼作人员、物料和消防进出使用；

4)施工每个楼层安放了一个灭火器，灭火器上标注有效期到2017年2月；

5)装修大楼内设有一临时材料存放库，库内存放有木材、塑料、金属材料、电器设备、涂料、油漆、保温材料等，并配有3个灭火器，两个标注有效期到2017年2月，一个标注有效期到2018年1月；

6)施工现场有木工正在用电锯、电刨等工具进行木工作业，作业现场未见灭火器材，操作工人不知道有无灭火器材，也不会使用；

7)施工过程中未见安全交底资料；

8)在电焊作业中，有一电焊工在焊接作业，但无上岗证，无用火证；

9)职工宿舍内，可以随便使用各种电热器具，且没有灭火器；

10)施工现场未设置吸烟区，工人可以抽烟。

问题：指出现场消防管理工作中存在的问题，并予以纠正。

(2)某大型商场由一建筑装饰公司承担室内装修的施工，为抢进度，在装修施工现场，该公司安排多个工序交叉作业，锯末、刨花、纤维板、宝丽板等材料堆放杂乱，堵塞通道；顶棚吊装骨架焊接；室内有油漆作业。有一个工人中午下班时不慎将点燃的香烟掉落，引燃地面纸屑、纸板等可燃物发生火灾。

问题：

1)试针对这起事故发生的原因，指出现场存在的主要问题。

2)现场灭火器的设置有哪些具体规定？

3)动火划分为几个等级？试述动火审批程序。（拓展题）

(3)某装饰公司承担了某商场的室内、外装饰装修工程，该工程的结构形式为框架结构，地上为6层，地下为1层，周围为居民区。施工项目包括墙体砌筑抹灰、轻钢龙骨吊顶、地面大理石、门窗、木作油漆、外墙干挂石材幕墙等，施工单位在施工现场的管理上做了下列工作：

1）施工现场设置围墙大门，大门口设置"一图四板"；

2）施工现场临时设施按平面布置图建造；

3）在楼梯、休息平台上堆放材料，码放整齐；

4）在临边作业和洞口作业处用一根红色绳子围护；

5）现场消防通道处堆放石材，通道宽度为 2 m，可供行人通行；

6）根据甲方要求，加快工程进度，石材加工与安装工作到 24：00；

7）室外卷扬机的操作工因病休假，立即安排 1 名临时工操作机械运送材料，保证装饰材料及时运到施工部位；

8）现场临时照明用电为 220 V，施工人员能随时从未上锁的配电箱上接电。

问题：

1）施工单位在现场管理方面存在哪些问题？

2）施工现场大门口设置"一图四板"，"一图四板"是什么意思？

3）施工现场料具管理包括哪些内容？

4）施工现场卫生管理包括哪些内容？

 综合实训题

综合实训(1)：

某装饰公司承接了任务案例中别墅的全部装饰装修工作，作为项目经理，请你组织项目部成员编制该工程的施工组织设计文件，要求施工组织设计合理、能指导施工。

综合实训(2)：

(1)某施工单位受建设单位委托承担了某饭店室内装饰工程项目的施工任务，并签订了施工合同。工期为 2019 年 10 月 1 日至 2020 年 4 月 30 日。建设单位口头提出，要求施工单位 3 日内提交施工组织设计。施工组织设计中的部分内容如下：

1）编制依据。

①招标文件、答疑文件及现场勘查情况。

②工程所用的主要规范、标准、规程、图集。

《建筑地面工程施工质量验收规范》(GB 50209—2010)

《建筑装饰装修工程质量验收标准》(GB 50210—2018)

《建筑内部装修防火施工及验收规范》(GB 50354—2005)

2）工程概况。

3）施工部署。

4）施工方案及主要技术措施。

5）施工工期、施工进度计划及工期保证措施。

6）质量目标及保证措施。

7）项目班子组成。

8）施工机械配备及人员配备。

9）消防安全措施。

问题：

1）上面所给施工组织设计编制依据中有哪些不妥？

2）上面所给施工组织设计内容有无缺项？若有，请补充完整。

（2）某施工单位承担了某住宅楼工程的结构施工和装修施工任务，施工合同规定：工期为 2020 年 3 月 1 日至 2020 年 11 月 1 日，监理单位要求施工单位在一周内提供施工组织设计。过了 5 d，施工单位提交了施工组织文件，其部分内容如下：

1）编制依据。

①招标文件、答疑文件及现场勘查情况。

②工程所用的主要规范、标准、规程、图集。

2）工程概况。

3）施工部署。

4）施工方案及主要技术措施。

5）质量目标及保证措施。

6）项目班子组成。

7）施工机械配备及人员配备。

8）消防安全措施。

问题：

1）上面所给施工组织设计编制依据中有哪些不妥？

2）上面所给施工组织设计内容有无缺项？若有，请补充完整。

3）施工部署的主要内容有哪些？

（3）某检测中心办公楼工程，地下为 1 层，地上为 4 层，局部为 6 层。地下 1 层为库房，层高为 3.0 m；1～5 层层高为 3.6 m；建筑高度为 19.6 m；建筑面积为 6 400 m²。外墙饰面为面砖、涂料、花岗岩板，采用外保温。内墙、顶棚装饰采用耐擦洗涂料饰面，地面贴砖。内墙部分砌体为加气混凝土砌块砌筑。由于工期比较紧，装修分包队伍交叉作业较多，施工单位在装修前拟定了各分项工程的施工顺序，确定了相应的施工方案，绘制了施工平面图。在图中标注了：材料存放区；施工区及半成品加工区；厂区内交通道路、安全走廊（设明显标志）；总配电箱放置区、开关箱放置区；现场施工办公室、门卫、围墙；各类建筑机械放置区。

问题：

1）确定分项工程施工顺序时要注意的原则有哪些？

2）简述建筑装饰装修工程施工平面图设计原则。

3）建筑装饰装修工程施工平面布置内容有哪些？

4）根据本装饰工程的特点，该施工平面布置图是否有缺项？若有，请补充。

（4）某住宅工程，该工程共 8 层，采用框架结构，建筑面积为 5 285 m²。该工程项目周围为已建工程，因施工场地狭小，现场道路按 3 m 考虑并兼作消防车道，路基夯实，上铺 150 mm 厚砂石，并作混凝土面层。施工现场有一个 8 m×6 m 的焊接车间，车间内储存了 2 瓶氧气和 2 瓶乙炔，分别放置在同一房角的水泥地面上，车间内 2 名工人正在进行焊割作业，因天气炎热，两名工人只穿汗衫，他们都已经过培训考核，但尚未领到"特种作业操作证"，另外一名辅助工人正在吸烟。

问题：

1）上述案例中存在哪些不妥之处？

2）焊割作业前，须办理哪些证件？

3）焊割作业前，须做哪些消防准备工作？

（5）某施工单位拟对某办公楼工程投标，该工程设计采用 5 层框架结构，层高为 4.5 m，局部为 8 层，总建筑面积为 45 000 m²。施工单位的技术人员在编制投标文件时，拟定了本工程的施工组织设计编制程序，如图 2-13 所示。

问题：

1）本工程的施工组织设计编制程序是否正确？若不合理，请改正。

2）请写出单位工程施工组织设计的编制依据。

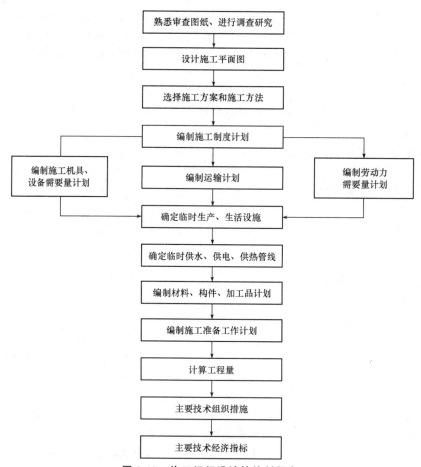

图 2-13　施工组织设计的编制程序

（6）某单位拟建设一厂房，图 2-14 所示为施工管理人员针对本工程编制的设备安装工程的施工计划横道图。

时间 工种	1月	2月	3月	4月	5月	6月	7月	8月	9月	10月	11月	12月
钳工		10	24	30	30	24	36	40	40	40	28	20
管工	14	20	26	32	38	42	42	42	40	34	30	24
电工	12	18	24	28	30	30	30	28	26	20	18	12
冷作工		4	8	12	16	20	20	20	20	16	14	10
起重工		10	20	22	26	30	30	30	26	24	12	4
焊工	4	9	17	22	26	34	34	34	32	30	24	8
筑炉工								4	6	8	6	6
油漆工	2	3	5	5	6	7	8	10	10	10	8	4
其他	2	4	5	6	7	8	10	10	10	8	6	2

图 2-14　施工计划横道图

根据图 2-14 所给的内容，填写劳动力需用量计划，见表 2-14。

表 2-14 劳动力需用量计划

序号	工种	用工总数	1月	2月	3月	4月	5月	6月	7月	8月	9月	10月	11月	12月
1	钳工													
2	管工													
3	电工													
4	冷作工													
5	起重工													
6	焊工													
7	筑炉工													
8	油漆工													
9	其他													
10	合计													

(7)某一施工单位承建了某住宅小区的建设工程，在编制施工组织设计时，根据不同时间段施工机具的进场时间编制了施工机械机具用量计划表，见表 2-15。

表 2-15 施工机械机具用量计划表

名称	数量	用电量/kW	使用时间
塔式起重机	1	48	3—8月
混凝土搅拌机	1	7.5	2—9月
砂浆搅拌机	2	2×2.8=5.6	2—9月
钢筋切割机	1	7	3—9月
钢筋弯曲机	1	4.5	3—9月
木工圆锯	1	4.5	2—12月
木工压刨	1	7.5	2—12月
蛙式打夯机	2	2×2.8=5.6	8月
振捣棒	2	2×1.1=2.2	2—9月
卷扬机	3	3×10=30	4—12月
水泵	1	3.5	3—7月
水磨石机	2	2×1.7=3.4	8—12月
电钻	1	1.1	3—12月

问题：根据表 2-14，填写每月的施工用电需要量(表 2-16)。

表 2-16　施工用电需用量

月份	2月	3月	4月	5月	6月	7月	8月	9月	10月	11月	12月
用电量/kW											

(8)某工程施工用电见表 2-17，求总用电量。

表 2-17　工程施工用电

序号	机具名称	数量	规格/kW	功率/kW
1	电锤	2 台	1.1	2.2
2	气泵	3 台	2.2	6.6
3	电焊机	2 台	35	70
4	砂轮切割机	2 台	2.2	4.4
5	多用刨	2 台	3.5	7
6	手提云石机	2 台	0.75	1.5
7	室内照明			30
8	室外照明			24

(9)某工程施工用电见表 2-18，求总用电量。

表 2-18　工程施工用电

设备名称	单位功率/kW	单位	数量	功率小记/kW
剪切机	3	台	1	3
咬口机	2	台	2	4
折边机	2	台	1	2
转角机	1.8	台	1	1.8
折方机	1.5	台	1	1.5
砂浆搅拌机	3.5	台	1	3.5
电焊机	250 A、315 A	台	4	25×2+31.5×2=113
砂轮切割机	2.2	台	4	8.8
台钻	1.51	台	2	3.0
混凝土搅拌机	5.5	台	1	5.5
套丝机	0.75	台	2	1.5
无齿锯	2.2	台	3	6.6
卷扬机	7.5	台	2	15
蛙式打夯机	1.1	台	2	2.2
自攻钻	0.75	台	10	7.5
云石机	1.05	台	5	5.25
电刨	0.8	台	4	3.2
木工多用机	2.2	台	2	4.4
手持式砂带机	0.95	台	20	9
手电钻	0.4	台	20	8
电锤	0.6	台	6	3.6
气泵	4	台	2	8

(10)某办公楼项目，建筑面积为 25 678 m²，地下为 1 层，地上为 8 层，框架结构。6 层以上吊顶龙骨安装完成后，消防水平管与一排龙骨吊杆位置冲突需拆改。地下室顶板刷涂料时污染所有消防管线。首层幕墙玻璃无任何警示，倒车时撞碎两块。多处木质防火门口被手推车刮坏。

问题：

1)如何预防 6 层以上吊顶拆改？

2)如何保护消防管线不被污染？

3)交工前首层幕墙玻璃正确的保护办法是什么？

4)交工前木质门口正确的保护措施是什么？

(11)某综合办公楼装饰工程，该办公楼为框架结构，共 5 层，建筑面积为 3 750 m²，会议室、办公室、卫生间为铺防滑地砖地面，其他房间为水泥砂浆地面，楼梯间为铺水磨石地板地面，房间墙面为抹灰面刷乳胶漆。窗为塑钢窗，门为推拉门。在装修阶段，发现已装修好的楼梯踏步个别部位被碰掉角；墙上已经安装好的开关插座表面上有被无数条划痕，而且开关的边沿被乳胶漆污染，严重影响美观；发现已安装好的推拉门导轨局部有严重变形，估计是手推车轮压所致。

问题：

1)成品保护的具体措施有哪些？

2)如何预防已装修好的楼梯间不被损坏？

3)如何预防墙上已安装好的开关插座表面不被乳胶污染？

4)如何预防房间水泥地面或地面砖完成后不被损坏？

5)如何预防推拉门导轨不被损坏？

(12)某工程主体建筑为 6 层，框架结构，占地面积为 11.6 万 m²，总建筑面积约为 2.5 万 m²，其中主体建筑面积为 2.15 万 m²。该工程于 2020 年 3 月 8 日开工，2020 年 5 月集团公司有关部门对该项目部进行了一次安全生产大检查，发现如下问题：

电缆线路沿地面敷设；电焊机一次线长度超过规定；电工作业未穿绝缘鞋；未采用 TN-S 系统；现场搅拌机前台及运输车辆处排放的废水直接排入市政污水管。

问题：

针对本次检查发现的问题，应如何整改？

(13)某办公楼工程，建筑面积为 23 998 m²，框架-剪力墙结构。施工现场水源，施工用水和生活用水可直接接业主的供水管口。现场布置消火栓 2 个，间距为 100 m，其中一个距离拟建建筑物为 4 m，另一个距离临时道路为 2.5 m。若供水设计经计算得 $q_1 = 8.3$ L/s，$q_2 = 0.08$ L/s，$q_3 = 0.58$ L/s，$q_4 = 1.7$ L/s，$q_5 = 10$ L/s。

问题：

1)计算该工程总用水量(不计漏水损失)。

2)计算供水管径(假设管网中水流速度 $v = 1.5$ m/s)。

3)该工程消火栓设置是否妥当？

任务3 编制进度计划——横道图

3.1 流水施工基础知识

在任务2中，给大家介绍了施工进度计划表的编制方法及内容，但具体怎么安排，如何在现有场地、人员、机械的情况下做到人、机不停歇，场地不闲置即流水施工，就成为一个问题。现将有关流水施工的知识介绍给大家。

3.1.1 组织施工的方式

考虑工程项目的施工特点、工艺流程、平面或空间布置等要求，其施工可以采用依次施工、平行施工、流水施工三种组织方式。

为说明三种施工方式及其特点，现设某住宅区拟装修三户面积、户型完全相同的别墅，其编号分别为Ⅰ、Ⅱ、Ⅲ，各别墅的装修按部位可分为吊顶、墙面及地面三个施工过程，分别由相应的专业队按照施工工艺要求依次完成，每个专业队在每幢建筑物的施工时间均为5周，各专业队的人数分别为10人、16人和8人。三幢别墅工程施工的不同组织方式如图3-1所示。

砌筑工匠—胡美俊

培养工匠的
博士后—万荣春

1. 依次施工

依次施工方式是将拟装修工程项目中的每一个施工对象分解为若干个施工过程，按施工工艺要求依次完成每一个施工过程；当一个施工对象完成后，再按同样的顺序完成下一个施工对象，依次类推，直至完成所有施工对象。这种方式的施工进度安排、总工期及劳动力需求曲线如图3-1中的"依次施工"栏所示。依次施工方式具有以下特点：

(1)没有充分地利用工作面进行施工，工期长。

(2)如果按专业成立工作队，则各专业队不能连续作业，有时间间歇，劳动力及施工机具等资源无法均衡使用。

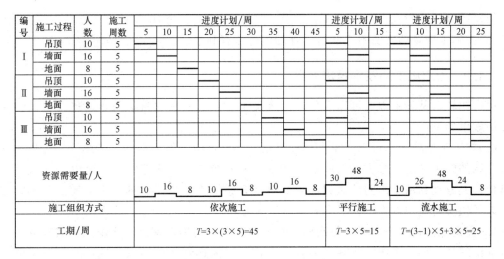

图 3-1 三幢别墅工程施工的不同组织方式

(3) 如果由一个工作队完成全部施工任务，则不能实现专业化施工，不利于提高劳动生产率和工程质量。

(4) 单位时间内投入的劳动力、施工机具、材料等资源量较少，有利于资源供应的组织。

(5) 施工现场的组织、管理比较简单。

2. 平行施工

平行施工方式是组织几个相同的工作队，在同一时间、不同的空间，按施工工艺要求完成各施工对象。这种方式的施工进度安排、总工期及劳动力需求曲线如图 3-1 中的"平行施工"栏所示。平行施工方式具有以下特点：

(1) 充分地利用工作面进行施工，工期较短。

(2) 如果每一个施工对象均按专业成立工作队，则各专业队不能连续作业，劳动力及施工机具等资源无法均衡使用。

(3) 如果由一个工作队完成一个施工对象的全部施工任务，则不能实现专业化施工，不利于提高劳动生产率和工程质量。

(4) 单位时间内投入的劳动力、施工机具、材料等资源量成倍地增加，不利于资源供应的组织。

(5) 施工现场的组织、管理比较复杂。

3. 流水施工

流水施工方式是将拟装修工程项目中的每一个施工对象分解为若干个施工过程，并按照施工过程成立相应的专业工作队，各专业队按照施工顺序依次完成各个施工对象的施工过程，同时，保证施工在时间和空间上连续、均衡、有节奏地进行，使相邻的两个专业队能最大限度地搭接作业。这种方式的施工进度安排、总工期及劳动力需求曲线如图 3-1 中的"流水施工"栏所示。流水施工方式具有以下几个特点：

(1) 尽可能地利用工作面进行施工，工期比较短。

(2) 各工作队实现了专业化施工，有利于提高技术水平和劳动生产率，也有利于提高工程质量。

(3) 专业工作队能够连续施工，同时使相邻专业队的开工时间能够最大限度地搭接。

（4）单位时间内投入的劳动力、施工机具、材料等资源量较为均衡，有利于资源供应的组织。

（5）为施工现场的文明施工和科学管理创造了有利条件。

3.1.2 流水施工的技术经济效果

通过比较三种施工方式可以看出，流水施工方式是一种先进、科学的施工方式。其技术经济效果如下：

（1）施工工期较短，可以尽早发挥投资效益。流水施工的节奏性、连续性，可以加快各个专业队的施工进度，减少时间间隔。特别是相邻专业队在开工时间上可以最大限度地进行搭接，充分地利用工作面，做到尽可能早地开始工作，从而达到缩短工期的目的，使工程可以尽快交付使用或投产，尽早获得经济效益和社会效益。

（2）实现专业化生产，可以提高施工技术水平和劳动生产率。流水施工方式建立了合理的劳动组织，使各个工作队实现了专业化生产，工人连续作业，操作熟练，便于不断改进操作方法和施工机具，可以不断地提高施工技术水平和劳动生产率。

（3）连续施工，可以充分发挥施工机械和劳动力的生产效率。由于流水施工组织合理，工人连续作业，没有窝工现象，机械闲置时间减少，增加了有效劳动时间，从而使施工机械和劳动力的生产效率得到充分发挥。

（4）提高工程质量，可以增加建设工程的使用寿命和节约使用过程中的维修费用。由于流水施工实现了专业化生产，工人技术水平高，而且各专业队之间紧密地搭接作业，互相监督，可以使工程质量得到提高。因而，可以延长建设工程的使用寿命，同时，可以减少建设工程使用过程中的维修费用。

（5）降低工程成本，可以提高承包单位的经济效益。由于流水施工资源消耗均衡，便于组织资源供应，使得资源储存合理，利用充分，可以减少各种不必要的损失，节约材料费；由于流水施工生产效率高，可以节约人工费和机械使用费；由于流水施工降低了施工高峰人数，使材料、设备得到合理供应，可以减少临时设施工程费；由于流水施工工期较短，可以减少企业管理费。工程成本的降低，可以提高承包单位的经济效益。

3.1.3 流水施工的表达方式

流水施工的表达方式可分为网络图、横道图和垂直图三种。其中，网络图在任务 4 介绍，现只介绍横道图和垂直图。

1. 流水施工的横道图表示法

某工程流水施工的横道图表示法如图 3-2 所示。横坐标表示施工时间，纵坐标表示施工过程，①、②等表示施工段，由图可知，该流水施工可分为 4 个施工过程、4 个施工段，工期为 14 d。

横道图表示法的优点是绘图简单，施工过程及其先后顺序表达清楚，时间和空间状况形象直观，使用方便，因而被广泛用来表达施工进度计划。

中国速度，
榜样人物：李华

2. 流水施工的垂直图表示法

某工程流水施工的垂直图表示法如图 3-3 所示。n 条斜向线段表示 n 个施工过程或专业工作队的施工进度。

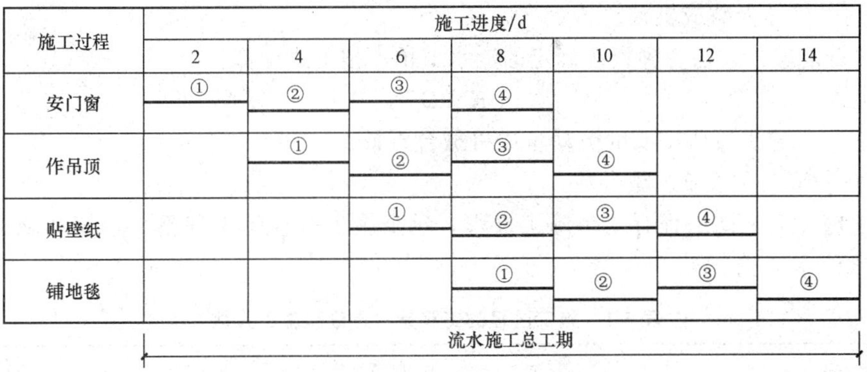

施工过程	施工进度/d						
	2	4	6	8	10	12	14
安门窗	①	②	③	④			
作吊顶		①	②	③	④		
贴壁纸			①	②	③	④	
铺地毯				①	②	③	④

流水施工总工期

图 3-2　某工程流水施工的横道图表示法

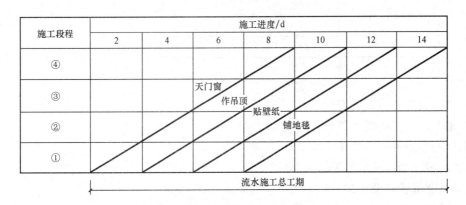

图 3-3　某工程流水施工的垂直图表示法

垂直图表示法的优点是施工过程及其先后顺序表达清楚，时间和空间状况形象直观，斜向进度线的斜率可以直观地表示出各施工过程的进展速度；但编制实际工程进度计划不如横道图方便。

3.1.4　流水施工参数

为了说明组织流水施工时，各施工过程在时间和空间上的开展情况及相互依存关系，引入一些描述工艺流程、空间布置和时间安排等方面的状态参数——流水施工参数，这些参数共有 6 个，即施工过程数、施工段数、工作面、流水强度、流水节拍、流水步距。前面四个在第 1 章已介绍，在此只对流水节拍和流水步距两个作说明。

1. 流水节拍(K)

一个施工过程在一个施工段上的持续时间，称为流水节拍。流水节拍的大小，关系到工程所需投入的劳动力、机械及材料用量的多少，决定着施工的速度和节奏。因此，确定流水节拍对于组织流水施工具有重要的意义。

通常，流水节拍的确定方法有两种：一种是根据工期的要求来确定；另一种是根据能够投入的劳动力、机械台数和材料供应量(即能够投入的各种资源)来确定。

(1)根据工期要求确定的流水节拍，按下式计算：

$$K=M/(PN) \tag{3-1}$$

式中　M——某施工段的工程量；

　　　P——每一个工日或台班的计划产量；

N——施工人数或机械台数。

(2)根据能够投入的各种资源确定的流水节拍，按下式计算：

$$K = Q/N \qquad (3-2)$$

式中　Q——某施工段所需要的劳动量或机械台班量；

　　　N——施工人数或机械台数。

【例 3-1】　某装饰工程有 4 个施工过程，每个施工过程的工程量、定额和施工人数见表 3-1，求流水节拍。

表 3-1　施工过程的工程量、定额和施工人数

施工过程	工程量/m³	产量定额/(m³·工日⁻¹)	班组人数
Ⅰ	210	7	5
Ⅱ	30	1.5	5
Ⅲ	40	1	10
Ⅳ	140	7	4

问题：

(1)计算各施工过程的劳动量。

(2)求各施工过程流水节拍。

解：(1)劳动量：劳动量＝工程量/产量定额

施工过程Ⅰ劳动量＝210÷7＝30(工日)

施工过程Ⅱ劳动量＝30÷1.5＝20(工日)

施工过程Ⅲ劳动量＝40÷1＝40(工日)

施工过程Ⅳ劳动量＝140÷7＝20(工日)

(2)流水节拍：流水节拍＝劳动量/班组人数

施工过程Ⅰ流水节拍＝30÷5＝6(工日)

施工过程Ⅱ流水节拍＝20÷5＝4(工日)

施工过程Ⅲ流水节拍＝40÷10＝4(工日)

施工过程Ⅳ流水节拍＝20÷4＝5(工日)

在根据工期要求来确定流水节拍时，可以用上式计算出所需要的人数或机械台班数。在这种情况下，必须检查劳动力和机械供应的可能性、材料物资供应能否相适应，以及工作面是否足够等。

【例 3-2】　某工程需挖土方量为 4 800 m³，分成 4 段组织施工，拟选择 2 台挖土机挖土，每台挖土机的产量定额为 50 m³/台班，拟采用 2 个队组倒班作业，则该工程土方开挖的流水节拍为(　　)d。

A.24　　　　　　　　B.15　　　　　　　　C.12　　　　　　　　D.6

解：工程量 $Q = 4\,800$ m³，施工机械台数 $R = 2$ 台，工作班 $N = 2$ 班，产量定额 $S = 50$ m³，流水段数目 $m = 4$，流水节拍 $K = M/(PN) = 4\,800 \div (4 \times 2 \times 2 \times 50) = 6$(d)。

【例 3-3】　某建筑物有四层，每层四个单元，每两个单元为一个施工段，每个单元层的砌砖量为 76 m³，砌砖工程的产量定额为 1 m³/d，组织一个 30 人的工作队，则流水节拍应为(　　)d。

A. 12　　　　　　　　B. 10　　　　　　　　C. 6　　　　　　　　D. 5

解：两个单元为一个施工段，每个单元层的砌砖量为 76 m³，则一个施工段的工作量为 2×76 m³＝152(m³)，按照公式流水节拍为 $152 \div (1 \times 30) = 5.07$(d)，取整为 5 d。

2. 流水步距(B)

流水步距是两个相邻的施工过程先后进入流水施工的时间间隔。例如，木工工作队第一天进入第一个施工段工作，5 天后完工。油漆工作队第 6 天进入第一个施工段工作，则木工工作队与油漆工作队先后进入第一个施工段的时间间隔为 5 天，那么它们的流水步距 $B = 5$ d。

流水步距的大小反映流水作业的紧凑程度，对工期有很大的影响。在流水段不变的条件下，流水步距越大，工期越长；流水步距越小，则工期越短。

流水步距的数目取决于参加流水施工的施工过程数。如果施工过程为 n 个，则流水步距的总数为 $n-1$ 个。确定流水步距的基本要求如下：

(1)始终保持两个相邻施工过程的先后工艺顺序。

(2)保持主要施工过程的连续、均衡。

(3)做到前、后两个施工过程施工时间的最大搭接。

3.1.5 流水施工的基本组织

在流水施工中，由于流水节拍的规律不同，决定了流水步距、流水施工工期的计算方法等也不同，甚至影响到各个施工过程的专业工作队数目。因此，有必要按照流水节拍的特征对流水施工进行分类。其分类情况如图 3-4 所示。

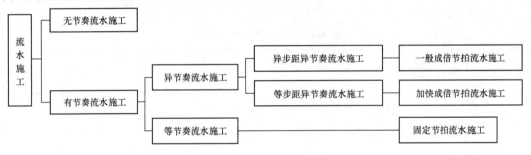

图 3-4　流水施工分类图

1. 有节奏流水施工

有节奏流水施工是指在组织流水施工时，每一个施工过程在各个施工段上的流水节拍都各自相等的流水施工，它可分为等节奏流水施工和异节奏流水施工。

(1)等节奏流水施工。等节奏流水施工是指在有节奏流水施工中，各施工过程的流水节拍都相等的流水施工，也称为固定节拍流水施工或全等节拍流水施工，见表 3-2。

表 3-2　全等节拍流水施工形式

施工过程	流水节拍		
	①	②	③
吊顶施工	3	3	3
墙面施工	3	3	3
地面施工	3	3	3

(2)异节奏流水施工。异节奏流水施工是指在有节奏流水施工中，各个施工过程的流水节拍各自相等而不同施工过程之间的流水节拍不尽相等的流水施工(表3-3)。

表3-3　异节奏流水施工形式

施工过程	流水节拍		
	①	②	③
吊顶施工	3	3	3
墙面施工	4	4	4
地面施工	2	2	2

在组织异节奏流水施工时，又可采用等步距和异步距两种方式。

1)等步距异节奏流水施工是指在组织异节奏流水施工时，按每个施工过程流水节拍之间的比例关系，成立相应数量的专业工作队而进行的流水施工，也称为加快成倍节拍流水施工。

2)异步距异节奏流水施工是指在组织异节奏流水施工时，每个施工过程成立一个专业工作队来完成各个施工段任务的流水施工，也称为一般成倍节拍流水施工。

2. 无节奏流水施工

无节奏流水施工是指在组织流水施工时，全部或部分施工过程在各个施工段上的流水节拍不相等的流水施工(表3-4)。这种施工是流水施工中最常见的一种。

表3-4　无节奏流水施工形式

施工过程	流水节拍		
	①	②	③
吊顶施工	3	2	5
墙面施工	4	3	3
地面施工	2	3	4

小　结

了解流水施工的基础知识。通过学习，对流水施工有一个完整的了解，为后面的学习打下基础。

实训训练

实训目的：熟悉横道图的形式，区分不同形式流水施工。

实训题目：有3间面积为60 m² 的教室需要装修，层高为3.9 m，装修内容包括矿棉板吊顶、墙面刷乳胶漆、地面铺贴砖。试按照流水施工的要求组织安排，确定需要几个施工队伍，安排施工顺序，确定每个施工队用几个人，推出施工天数。

3.2 有节奏流水施工

3.2.1 固定节拍流水施工

1. 固定节拍流水施工的特点

(1)所有施工过程在各个施工段上的流水节拍均相等,相邻施工过程的流水步距相等,且等于流水节拍;

(2)专业工作队数等于施工过程数,即每一个施工过程成立一个专业工作队,由该队完成相应施工过程所有施工段上的任务;

(3)各个专业工作队在各个施工段上能够连续作业,施工段之间没有空闲时间。

2. 固定节拍流水施工的工期

在固定节拍流水施工中,有时会有间歇时间和提前插入时间。所谓间歇时间,是指相邻两个施工过程之间由于工艺或组织安排需要而增加的额外等待时间,包括工艺间歇时间和组织间歇时间;所谓提前插入时间,是指相邻两个专业工作队在同一个施工段上共同工作的时间。其流水施工工期按下式计算:

$$T = (n-1)k + \sum G + \sum Z - \sum C + m \cdot K$$
$$= (m+n-1)K + \sum G + \sum Z - \sum C \tag{3-3}$$

【例3-4】 某分部工程流水施工计划如图3-5所示。

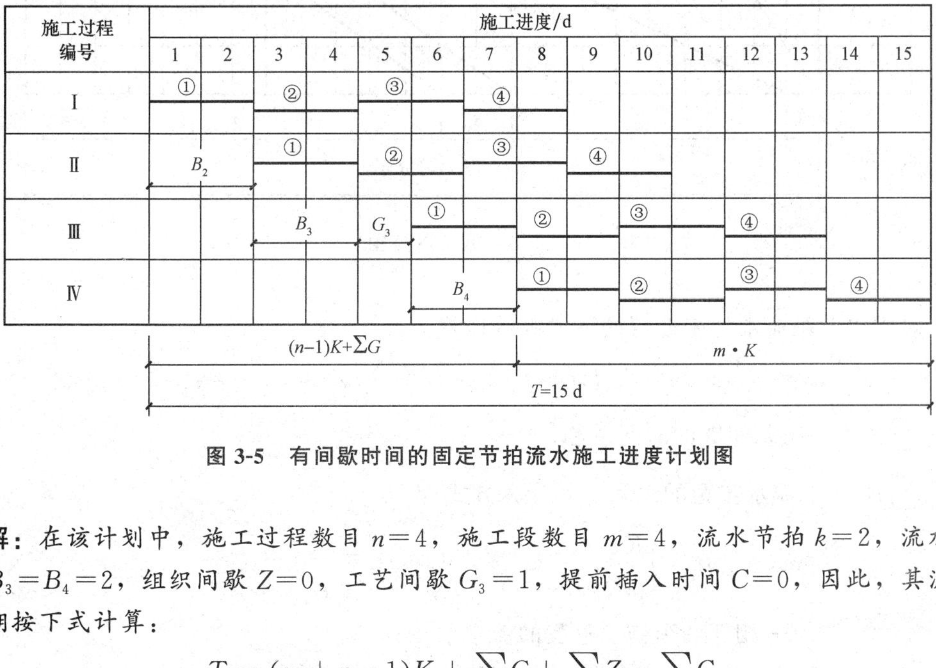

施工过程编号	施工进度/d														
	1	2	3	4	5	6	7	8	9	10	11	12	13	14	15
I	①		②		③		④								
II	B_2		①		②		③		④						
III			B_3		G_3		①		②		③		④		
IV						B_4		①		②		③		④	

图中标注:$(n-1)K+\sum G$ ， $m \cdot K$ ， $T=15$ d

图 3-5 有间歇时间的固定节拍流水施工进度计划图

解: 在该计划中,施工过程数目 $n=4$,施工段数目 $m=4$,流水节拍 $k=2$,流水步距 $B_2=B_3=B_4=2$,组织间歇 $Z=0$,工艺间歇 $G_3=1$,提前插入时间 $C=0$,因此,其流水施工工期按下式计算:

$$T = (m+n-1)K + \sum G + \sum Z - \sum C$$
$$= (4+4-1) \times 2 + 1$$
$$= 15(\text{d})$$

3.2.2 成倍节拍流水施工

在通常情况下，组织固定节拍的流水施工是比较困难的。因为在任一个施工段上，不同的施工过程，其复杂程度不同，影响流水节拍的因素也各不同，很难使得各个施工过程的节拍都彼此相等。但是，如果施工段划分得合适，保持同一个施工过程各个施工段的流水节拍相等是不难实现的。使某些施工过程的流水节拍成为其他施工过程流水节拍的倍数，即形成成倍节拍流水施工。成倍节拍流水施工包括一般成倍节拍流水施工和加快成倍节拍流水施工两种。

1. 一般成倍节拍流水施工

例如，有 6 幢完全相同的住宅装饰，每幢住宅装饰施工的主要施工过程分为室内地坪 1 周，内墙粉刷 3 周，外墙粉刷 2 周，门窗油漆 2 周。其施工进度图如图 3-6 所示。显然，这是一个一般成倍节拍流水施工。它表明室内地坪工作在开工 1 周后，室内粉刷工程紧接着进入流水。

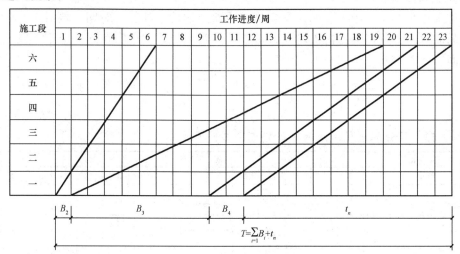

图 3-6 施工进度图

一般成倍节拍流水的工期可按下式进行计算：

$$T = \sum B_i + t_n + \sum Z \tag{3-4}$$

式中　$\sum Z$——工艺间歇的时间总和；

　　　$\sum B_i$——流水步距的总和，其计算方式为

$$B_i = \begin{cases} K_{i-1}, & \text{当 } K_{i-1} \leqslant K_i \\ mK_{i-1} - (m-1)K_i, & \text{当 } K_{i-1} > K_i \end{cases} \tag{3-5}$$

式中　K_{i-1}，K_i——相邻两个施工过程的流水节拍；

　　　t_n——最后一个施工过程在所有施工段上的时间之和。

$$t_n = mK_n$$

按公式计算上例：

因为 $K_1 = 1 < K_2 = 3$，所以 $B_2 = K_1 = 1$ d

因为 $K_2 = 3 > K_3 = 2$，所以 $B_3 = mK_{i-1} - (m-1)K_i$

$$= 6 \times 3 - (6-1) \times 2 = 8(\text{d})$$

因为 $K_3 = 2 = K_4 = 2$，所以 $B_4 = 2\ \text{d}$

因为 $t_n = mk_n$，所以 $t_4 = 6 \times 2 = 12(\text{d})$

因此，总工期 $T = 1 + 8 + 2 + 12 = 23(\text{d})$

2. 加快成倍节拍流水施工

(1)加快成倍节拍流水的施工特点及工期计算公式。

1)同一个施工过程在其各个施工段上的流水节拍均相等；不同施工过程的流水节拍不等，但其值为倍数关系。

2)相邻施工过程的流水步距相等，且等于流水节拍的最大公约数(K_0)。

3)专业工作队数大于施工过程数，即有的施工过程只成立一个专业工作队，而对于流水节拍大的施工过程，可按其倍数增加相应专业工作队数目。

4)各专业工作队在施工段上能够连续作业，施工段无闲置。

5)工期计算公式为

$$T = (m + n' - 1)K_0 + \sum G + \sum Z \tag{3-6}$$

式中　n'——专业工作队数目；

　　　K_0——流水步距。

【例 3-5】 某装饰公司拟装修 4 幢结构形式完成全相同的 3 层别墅，每幢别墅划为一个施工段，施工过程划分为抹灰、木作、安装设备及油漆四项，其流水节拍分别 5 周、10 周、10 周、5 周(表 3-5)，为了加快施工进度，采用增加专业工作的方法，组织加快的成倍节拍流水施工，求总工期。

表 3-5　流水节拍

施工过程	流水节拍			
	①	②	③	④
抹灰工程	5	5	5	5
墙面木制作	10	10	10	10
安装设备	10	10	10	10
油漆工程	5	5	5	5

解：①计算流水步距，即流水节拍的最大公约数

$$K_0 = \min(5,\ 10,\ 10,\ 5) = 5$$

②确定专业工作队数目，$n_i = K_i / K_0$，　$n' = \sum n_i$

$n_1 = K_1 / K_0 = 5/5 = 1$，$n_2 = K_2 / K_0 = 10/5 = 2$，

$n_3 = K_3 / K_0 = 10/5 = 2$，$n_4 = K_4 / K_0 = 5/5 = 1$，

于是，参与该工程流水施工的专业工作队总数 n' 为 $n' = \sum n_i = 1 + 2 + 2 + 1 = 6$。

③总工期

$$T = (m + n' - 1)K_0 + \sum G + \sum Z$$

$$= (4 + 6 - 1) \times 5$$

$$= 45(\text{周})$$

④绘制加快成倍节拍流水施工进度计划如图 3-7 所示。

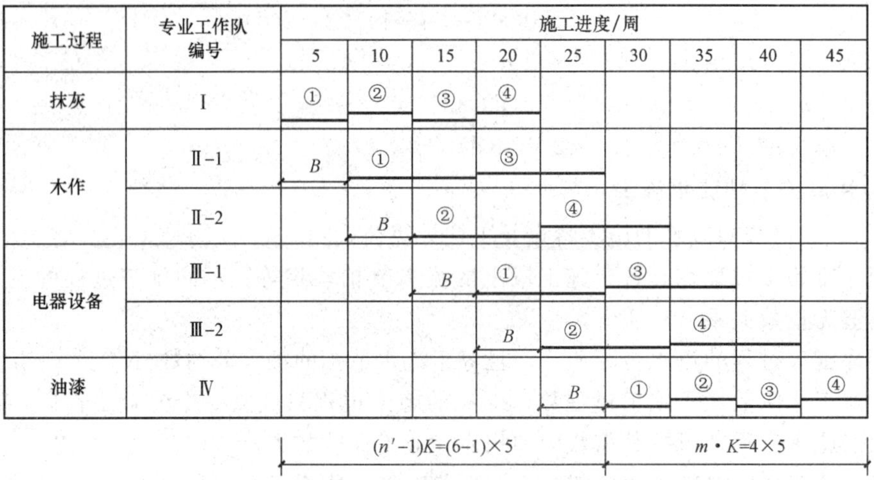

施工过程	专业工作队编号	施工进度/周								
		5	10	15	20	25	30	35	40	45
抹灰	I	①	②	③	④					
木作	II-1	B	①		③					
	II-2			B	②	④				
电器设备	III-1				B ①		③			
	III-2					B ②		④		
油漆	IV					B	①	②	③	④

$(n'-1)K=(6-1)\times 5$ | $m\cdot K=4\times 5$

图 3-7　加快成倍节拍流水施工进度计划图

在加快成倍节拍流水施工进度计划图中，除表明施工过程的编号或名称外，还应表明专业工作队的编号。在表明各个施工段的编号时，一定要注意有多个专业工作队的施工过程。各专业工作队连续作业的施工段编号不应该是连续的；否则，无法组织合理的流水施工。

小　结

有节奏流水施工的计算、绘图，在今后的学习中会经常用到，必须掌握。

实训训练

实训目的：熟练掌握有节奏流水施工的计算。
实训题目：

(1)某工程浇筑混凝土共 420 m³，每工日产量为 3.8 m³，配置一组 16 人的施工队进行一班作业。则该任务的持续时间为(　　)d。

A. 7　　　　　　　　B. 8　　　　　　　　C. 10　　　　　　　　D. 5

(2)某基础工程由挖地槽、做垫层、砌基础和回填土 4 个分项工程组成。该工程在平面上划分为 4 个施工段组织流水施工。各分项工程在各个施工段上的持续时间均为 4 d。

问题：

1)流水施工有哪些种类？

2)根据该工程持续时间的特点，可按哪种流水施工方式组织施工？

3)什么是流水施工工期？该工程项目流水施工的工期应为多少天？

4)若工作面允许，每一段砌基础均提前一天进入施工，该流水施工的工期应为多少天？

(3)某工程由 A、B、C、D 共 4 个施工过程组成，划分为 3 个施工段，流水节拍分别为 6 d、6 d、12 d，组织加快成倍节拍流水施工，该项目工期为(　　)d。

A. 36　　　　　　　　B. 24　　　　　　　　C. 30　　　　　　　　D. 20

(4)某工程有 A、B、C 3 个施工过程，每个施工过程均划分为 3 个施工段，设 $K_A=3$ d、

$K_B = 2 \text{ d}$、$K_C = 4 \text{ d}$，试分别计算依次、平行、流水 3 种施工方式的工期，并绘制他们各自的施工进度计划。

(5) 某分部工程由甲、乙、丙 3 个分项工程组成。它在平面上划分为 3 个施工段，每个分项工程在各个施工段上的持续时间均为 6 d。分项工程乙完成后，它的相应施工段至少有技术间歇 1 d。

问题：

1) 试确定该分部工程流水施工工期。

2) 简述组织流水施工的主要过程。

(6) 某路桥公司承接一项高速公路工程的施工任务，该工程需要在某一路段修建 5 个结构形式与规模完全相同的涵洞，其施工过程包括基础开挖、预制涵管、安装涵管和回填压实。如果合同规定，涵洞的施工工期不超过 80 d，请组织等节奏流水施工。

问题：

1) 什么是流水节拍和流水步距？该公路工程流水施工的流水节拍和流水步距应当是多少？

2) 试绘制该公路工程流水施工横道计划。

(7) 某住宅小区工程共有 12 幢高层剪力墙结构住宅楼，每幢有 2 个单元，各单元结构基本相同。每幢高层住宅楼的基础工程施工过程包括挖土、铺垫层、钢筋混凝土基础、回填土 4 个施工过程，其工作持续时间分别是挖土为 8 d，铺垫层为 4 d，钢筋混凝土基础为 12 d，回填土为 4 d。

问题：

1) 什么是异节奏流水施工？

2) 根据该工程的流水节拍的特点，在资源供应允许条件下，为加快施工进度，可采用何种方式组织流水施工？

3) 如果每四幢划分为一个施工段组织加快成倍节拍流水施工，其工期应为多少天？绘制其流水施工横道计划。

(8) 某构件预制工程，划分为绑扎钢筋、支模板、浇筑混凝土 3 个施工过程，4 个施工段，每个施工过程的作业时间见表 3-6。

表 3-6　每个施工过程的作业时间

施工过程	绑扎钢筋	支模板	浇筑混凝土
施工时间/d	3	6	3

问题：

组织本工程的加快成倍节奏流水施工，绘制流水施工图并计算工期。

(9) 某住宅共 4 个单元，其基础工程的施工过程为：①土方开挖；②铺设垫层；③绑扎钢筋；④浇捣混凝土；⑤砌筑砖基础；⑥回填土。各个施工过程的工程量、每一工日（或台班）的产量定额、专业工作队人数（或机械台班）列入表 3-7 中，由于铺设垫层施工过程和回填土施工过程的工程量较少，为简化流水施工的组织，将垫层与回填土这两个施工过程所需的时间作为间歇时间来处理，各自预留 1 d 时间。浇捣混凝土和砌筑基础墙之间的工艺间歇时间为 2 d。

表 3-7　各个施工过程的工作量、每一工日(或台班)的产量定额、专业工作队人数

施工过程	工程量	单 位	产量定额	人数(台数)
挖土	780	m^3	65	1 台
垫层	42	m^3	—	—
绑扎钢筋	10 800	kg	450	2
浇混凝土	216	m^3	1.5	12
砌墙基	330	m^3	1.25	22
回填土	350	m^3	—	—

问题：

1)该工程应如何划分施工段？计算该基础工程各个施工过程在各个施工段上的流水节拍和工期并绘制流水施工的横道计划。

2)如果该工程的工期为 18 d，按等节奏流水施工方式组织施工，则该工程的流水节拍和流水步距各为多少？

3.3　非节奏流水施工

在组织流水施工时，经常由于工程结构形式、施工条件不同等原因，使得各个施工过程在各个施工段上的工程量有较大差异，或因专业工作队的生产效率相差较大，导致各个施工过程的流水节拍随施工段的不同而不同，且不同施工过程之间的流水节拍又有很大差异。这时，流水节拍虽无任何规律，但仍可利用流水施工原理组织流水施工，使各专业工作队在满足连续施工的条件下，实现最大搭接。这种非节奏流水施工方式是建设工程流水施工的普遍方式。

3.3.1　非节奏流水施工的特点

(1)各个施工过程在各个施工段的流水节拍不全相等；

(2)专业工作队数等于施工过程数；

(3)各专业工作队能够在施工段上连续作业，但有的施工段之间可能有空闲时间。

3.3.2　流水步距的确定

在非节奏流水施工中，通常采用累加数列错位相减取大差法计算流水步距。这种方法的基本步骤如下：

(1)对每个施工过程在各个施工段上的流水节拍依次累加，求得各个施工过程流水节拍。

(2)将相邻施工过程流水节拍累加数列中的后者错后一位，相减后求得一个差数列。

(3)在差数列中取最大值，即为这两个相邻施工过程的流水步距。

3.3.3　工期的计算

工期按下式计算：

$$T = \sum B_i + t_n \tag{3-7}$$

【例 3-6】　某工程由 3 个施工过程组成，分为 4 个施工段进行流水施工，其流水节拍(d)见表 3-8，试确定流水步距。

表 3-8　流水节拍

施工过程	施工段			
	①	②	③	④
Ⅰ	2	3	2	1
Ⅱ	3	2	4	2
Ⅲ	3	4	2	2

解：(1)求各个施工过程流水节拍的累加数列：

施工过程Ⅰ：2，5，7，8

施工过程Ⅱ：3，5，9，11

施工过程Ⅲ：3，7，9，11

(2)错位相减求得差数列：

Ⅰ与Ⅱ：2，　　5，　　7，　　8

　一)　　　　3　　　5　　　9　　　11
　　——————————————————————

　　　　2，　　2，　　2，　　−1，　−11

Ⅱ与Ⅲ：3，　　5，　　9，　　11

　一)　　　　3，　　7，　　9，　　11
　　——————————————————————

　　　　3，　　2，　　2，　　2，　　−11

(3)在差数列中取最大值求得流水步距：

施工过程Ⅰ与Ⅱ之间的流水步距：$\max[2，2，2，−1，−11]=2$ d

施工过程Ⅱ与Ⅲ之间的流水步距：$\max[2，2，2，−11]=3$ d

(4)求 t_n。

$$t_n=3+4+2+2=11(\text{d})$$

(5)确定流水工期(T)。

$$T=\sum B_i+t_n$$

$$T=2+3+11=16(\text{d})$$

小　结

无节奏流水施工在日常施工中最常见，应用最多，要牢记公式。

实训训练

实训目的：掌握无节奏流水施工的绘图、计算。

实训题目：

(1)某建筑群共有4栋不同的装配式住宅楼工程，每栋住宅楼的各个施工工程的持续时间见表3-9。

表 3-9　流水节拍表　　　　　　　　　　　　　　　　　　　　　　d

施工过程＼施工段	1	2	3	4
基础工程(A)	10	13	12	15
主体工程(B)	23	22	23	25
室内、外装饰工程(C)	18	18	16	17

问题：求流水施工工期。

(2)某现浇钢筋混凝土基础工程由支模板、绑钢筋、浇混凝土、拆模板和回填土5个分项工程组成。它划分为6个施工段，各个分项工程在各个施工段上的持续时间见表3-10。在混凝土浇筑后至拆模板至少要养护2 d。

表3-10　各个分项工程在各个施工段上的持续时间

施工过程名称	持续时间/d					
	①	②	③	④	⑤	⑥
支模板	2	3	2	3	2	3
绑钢筋	3	3	4	4	3	3
浇混凝土	2	1	2	2	1	2
拆模板	1	2	1	1	2	1
回填土	2	3	2	2	3	2

问题：

1)根据该项目流水节拍的特点，可以按何种流水施工方式组织施工？

2)取大差法确定流水步距的要点是什么？确定该基础工程流水施工的流水步距。

3)确定该基础工程的流水施工工期。

(3)某群体工程由A、B、C三个单项工程组成。他们都要经过Ⅰ、Ⅱ、Ⅲ、Ⅳ四个施工过程，每个施工过程在各个单项工程上的持续时间见表3-11。

表3-11　每个施工过程在各个单项工程上的持续时间

施工过程编号	单项工程编号		
	A	B	C
Ⅰ	4	2	3
Ⅱ	2	3	4
Ⅲ	3	4	3
Ⅳ	2	3	3

问题：

1)什么是无节奏流水施工？

2)如果该工程的施工顺序为A、B、C，试计算该群体工程的流水步距和工期。

3)如果该工程的施工顺序为B、A、C，则该群体工程的工期应如何计算？

综合实训题

实训目的：掌握横道图进度计划的编制方法。

实训要求：利用流水施工原理编制横道图进度计划。

实训题目：

任务案例中的别墅装饰装修工程，选取别墅二层中三间卧室进行装饰装修，建筑面积、装修内容以附图为准。划分施工过程和施工段、计算工程量、查找定额、计算劳动量、确定施工人数和持续时间，选择正确的流水施工方式编制施工进度计划。

任务4 编制进度计划——网络图

4.1 网络图的基础知识

网络计划技术是进度控制中经常采用的一种方法，采用这种方法应首先绘制网络图，通过计算找出影响工期的关键线路和关键工作，接着通过不断调整网络计划，寻找最优方案并付诸实施；最后在计划实施过程中采取有效措施对其进行控制，以合理使用资源，高效、优质、低耗地完成预定任务。由此可见，网络计划技术不仅是一种科学的计划方法，同时，也是一种科学的动态控制方法。

4.1.1 网络图和网络图中的工作

网络图是由箭线和节点组成的，用来表示工作流程的有向、有序网状图形。一个网络图表示一项计划任务。网络图有双代号网络图和单代号网络图两种，分别如图4-1和图4-2所示。

建筑工匠—陆建新

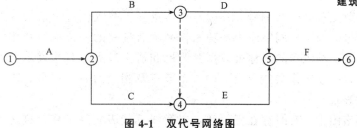

图 4-1　双代号网络图

双代号网络图是以箭线及其两端节点的编号表示工作，同时，节点表示工作的开始或结束及工作之间的连接状态；单代号网络图是以节点及其编号表示工作，箭线表示工作之间的逻辑关系。网络图中工作的表示方法如图4-3和图4-4所示。

网络图中的工作是将计划任务按需要划分成一个个既消耗时间又消耗资源的子项目或子任务。工作可以是单位工程，也可以是分部（项）工程，又或者一个施工过程也可以作为一项工作。一般情况下，完成一项工作既需要消耗时间，也需要消耗资源。但也有一些工作只消耗时间而不消耗资源，如墙面抹灰后的干燥过程等。

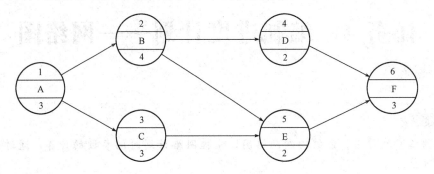

图 4-2　单代号网络图

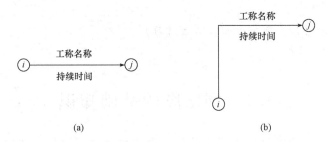

图 4-3　双代号网络中工作的表示方法

图 4-4　单代号网络图中工作的表示方法

网络图中的节点都必须有编号，其编号严禁重复，并应使每一条箭线上箭尾节点编号小于箭头节点编号。双代号网络图中一项工作必须有唯一的一条箭线和相应一对不重复的节点编号。因此，一项工作的名称可以用其箭尾和箭头节点编号来表示，如②→③；而在单代号网络图中，一项工作必须有唯一的一个节点及相应的一个代号，该工作的名称可以用其节点编号来表示。

在双代号网络图中，有时存在虚箭线，虚箭线不代表实际工作，称之为虚工作。虚工作既不消耗时间，也不消耗资源。虚工作主要用来表示相邻两项工作之间的逻辑关系。有时为了避免两项同时开始、同时进行的工作具有相同的开始节点和完成节点，也需要用虚工作加以区分。如图 4-5 所示，在单代号网络图中，虚工作只能出现在网络图的起点节点或终点节点。

在网络图中，相对于某工作而言紧排在该工作之前的工作称为该工作的紧前工作，如图 4-1 所示，工作 A 是工作 B、C 的紧前工作；紧排在该工作之后的工作称为紧后工作，工作 B、C 是工作 A 的紧后工作。工作与其紧前工作、紧后工作之间也可能有虚工作存在。可以与该工作同时进行的工作即该工作的平行工作，如工作 B、C 就是平行工作。

图 4-5　单代号网络图的起点节点和终点节点

紧前工作、紧后工作及平行工作是工作之间逻辑关系的具体表现，只要能根据工作之间的工艺关系和组织关系明确其紧前或紧后关系，即可据此绘制出网络图。它是正确绘制网络图的前提条件。

4.1.2　网络图逻辑关系

网络图逻辑关系是指网络计划中所表示的各个施工过程之间的先后顺序关系。其可分为工艺关系和组织关系两种。

1. 工艺关系

生产性工作之间是由工艺过程决定的，非生产性工作之间是由工作程序决定的先后顺序关系称为工艺关系。这是一个不可变的关系。如图 4-6 所示，龙骨安装必须在吊筋安装之后。

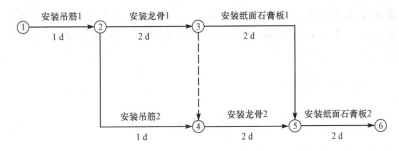

图 4-6　某工程双代号网络计划

2. 组织关系

工作之间由于组织安排需要或资源(劳动力、原材料、施工机具等)调配需要而规定的先后顺序关系称为组织关系。这一关系可以调整。例如，室内装修可以先地面后墙面，也可以先墙面后地面。

4.1.3　线路、关键线路和关键工作

1. 线路

网络图中从起点节点开始，沿箭头方向顺序通过一系列箭线与节点，最后到达终点节点的通路称为线路。线路既可以依次用该线路上的编号来表示，也可以依次用该线路上的工作名称来表示。如图 4-6 所示，该网络图中有三条线路，这三条线路既可表示为①→②→③→⑤→⑥，①→②→④→⑤→⑥，①→②→③→④→⑤→⑥，也可表示为安装吊筋 1→安

装龙骨1→安装纸面石膏板1→安装纸面石膏板2，安装吊筋1→安装吊筋2→安装龙骨2→安装纸面石膏板2，安装吊筋1→安装龙骨1→安装龙骨2→安装纸面石膏板2。

2. 关键线路和关键工作

在关键线路中，线路上所有工作的持续时间总和称为该线路的总持续时间。总持续时间最长的线路称为关键线路，关键线路的长度就是网络计划的总工期。在网络计划中，关键线路可能不止一条。在执行中，线路可能会发生转移。关键线路上的工作称为关键工作。在网络计划的实施过程中，关键工作的实际进度提前或拖后，均会对总工期产生影响。因此，关键工作的实际进度是建设工程控制工作的重点。如图4-6所示，三条线路中①→②→④→⑤→⑥总时间最长为9 d，其余两条分别为8 d、7 d，故①→②→④→⑤→⑥为关键线路，安装吊筋1、安装吊筋2、安装龙骨2、安装纸面石膏板2为4个关键工作。

📻 **小　结**

初学者刚开始接触网络图，会感觉繁杂而茫然，因此，教师应放慢速度讲授。同时，由于都是概念性的知识，学生容易忽视，不引起重视，导致后面的知识不易掌握。

📝 **实训训练**

实训目的：熟悉网络图的表示方法、逻辑关系的表达、线路尤其是关键线路的寻找。
实训题目：
(1)教师根据学生的情况，画出几个网络图，由学生寻找有几条线路、确定关键线路。
(2)教师根据上一章学生确定的施工顺序和装饰内容，试着用图的形式来表现其逻辑关系。

4.2　绘制网络图

4.2.1　双代号网络图的绘制

1. 绘图原则

(1)一张网络图只能有一个开始事件和一个结束事件。如果有几项工作可以同时开始，或几项工作可以同时结束，通常可以表示成图4-7所示的形式。而图4-8中就出现了两个起点节点和两个终点节点。两个起点节点是①、⑥，两个终点节点是④、⑩。

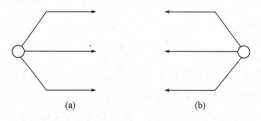

(a)　　　　　　　　(b)

图4-7　几项工作同时开始或同时结束

双代号网络图确定关键
工作和关键线路的技巧

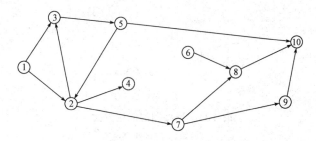

图 4-8　两个起点节点和两个终点节点

(2)在一张网络图中，不允许出现闭合回路。即不允许从一个结点出发，沿箭杆方向再返回到该结点。例如，图 4-8 中的工作②→③、③→⑤和⑤→②就组成了闭合回路，从而导致了工作的逻辑关系的错误。

(3)在一张网络图中，不允许出现一个代号代表一个施工过程。例如，在图 4-9(a)中，施工过程 D 与 A 的表达就是错误的，而正确的表达方法如图 4-9(b)所示。

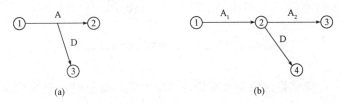

图 4-9　不允许出现一个代号表一项工作

(a)错误；(b)正确

(4)当网络图的起点节点有多条箭线引出(外向箭线)或终点节点有多条箭线引入(内向箭线)，为使图形简洁，可用母线法绘图，即将多条箭线经一条共用的垂直线段从起点节点引出，或将多条箭线经一条共用的垂直线段引入终点节点，如图 4-10 所示。

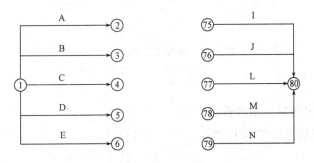

图 4-10　母线法绘图

(5)在一张网络图中，不允许出现同样编号的事件或工作。例如，在图 4-11(a)中两项工作都用③→④表示是错误的，正确的表达方式应如图 4-11(b)所示。

(6)在网络图中，不允许出现无箭头或有双箭头的连线。例如，图 4-12 中③—⑤连线无箭头，②→⑤连线是双向箭头，均是错误的。

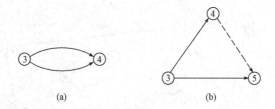

图 4-11　网络图的表达方式

(a)错误；(b)正确

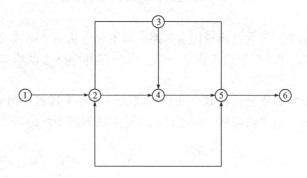

图 4-12　不允许出现双向箭头或无箭头

(7)在网络图中，应尽量避免交叉箭杆，当确定无法避免时，应采用过桥法或断线法表示。图 4-13(a)所示为过桥法；图 4-13(b)所示为断线法。

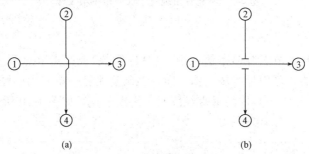

图 4-13　箭杆交叉的处理方法

(a)过桥法；(b)断线法

2. 绘制网络图时逻辑关系的表达方式

(1)工作 A 完成后进行工作 B 和工作 C(图 4-14)。

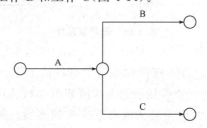

图 4-14　绘制网络图时逻辑关系的表达方式(一)

(2)工作 A、B 均完成后进行工作 C(图 4-15)。

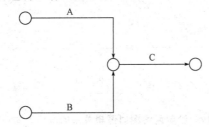

图 4-15　绘制网络图时逻辑关系的表达方式(二)

(3)工作 A、B 均完成后进行工作 C 和 D(图 4-16)。

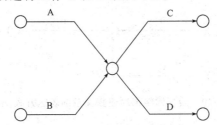

图 4-16　绘制网络图时逻辑关系的表达方式(三)

(4)工作 A 完成后进行工作 C,工作 A、B 均完成后进行工作 D(图 4-17)。

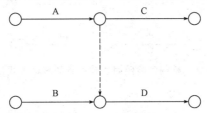

图 4-17　绘制网络图时逻辑关系的表达方式(四)

(5)工作 A、B 均完成后进行工作 D,工作 A、B、C 均完成后进行工作 E,工作 D、E 均完成后进行工作 F(图 4-18)。

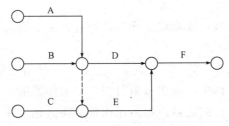

图 4-18　绘制网络图时逻辑关系的表达方式(五)

(6)工作 A、B 均完成后进行工作 C,工作 B、D 均完成后进行工作 E(图 4-19)

(7)工作 A、B、C 均完成后进行工作 D,工作 B、C 均完成后进行工作 E(图 4-20)。

(8)工作 A 完成后进行工作 C,工作 A、B 均完成后进行工作 D,工作 B 完成后进行工作 E(图 4-21)。

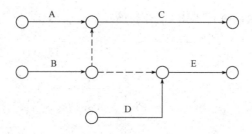

图 4-19 绘制网络图时逻辑关系的表达方式(六)

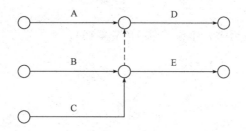

图 4-20 绘制网络图时逻辑关系的表达方式(七)

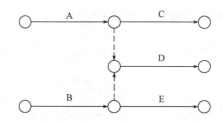

图 4-21 绘制网络图时逻辑关系的表达方式(八)

3. 绘图方法

(1)绘制没有紧前工作的工作箭线,应使它们具有相同的开始节点,以保证网络图只有一个起点节点。

(2)依次绘制其他工作箭线。这些工作箭线的绘制条件是其所有紧前工作箭线都已经绘制出来。在绘制这些工作箭线时,应按下列原则进行:

1)当所要绘制的工作只有一项紧前工作时,则将该工作箭线直接绘制在其紧前工作箭线之后即可。

2)当所要绘制的工作有多项紧前工作时,应按以下三种情况分别予以考虑:

①如果在其所有紧前工作中,存在一项只作为本工作紧前工作的工作,则应将本工作箭线直接绘制在该紧前工作箭线之后,然后用虚箭线将其他工作箭线的箭头节点与本工作箭线的箭尾节点分别相连,以表达它们之间的逻辑关系。

②如果在其紧前工作中,存在多项只作为本工作紧前工作的工作,应先将这些紧前工作箭线的箭头节点合并,再从合并后的节点开始,绘制出本工作箭线,最后用虚箭线将其他紧前工作箭线的箭头节点与本工作箭线的箭尾节点分别相连,以表达它们之间的逻辑关系。

③如果本工作的紧前工作同时又是其他工作的紧前工作,应先将这些紧前工作箭线的箭头节点合并后,再从合并后的节点开始绘制出本工作箭线。

（3）当各项工作箭线都绘制出来之后，应合并那些没有紧后工作的工作箭线的箭头节点，以保证网络图只有一个终点节点。

（4）当确认所绘制的网络图正确后，即可进行节点编号。节点编号可连续也可不连续，只要保证从左向右依次递增即可。

4.2.2　单代号网络图的绘制

单代号网络图的绘图规则与双代号网络图的绘图规则基本相同，主要区别在于：当网络图中有多项开始工作时，应增设一项虚工作(S)作为该网络的起点节点；当网络图中有多项结束工作时，应增设一项虚工作(F)，作为该网络图的终点节点。如图4-22所示，其中S和F为虚工作。

单代号与双代号
网络图的比较

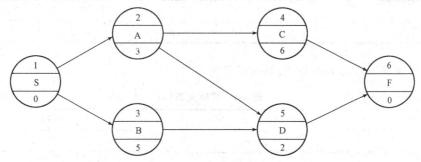

图4-22　具有虚拟起点节点和终点节点的单代号网络

小　结

网络图绘制是一项重要的基本功，是后面学习工期计算的基础，因此必须掌握。其中双代号网络图因为加入了虚工作，绘制比较难，应格外注意；单代号网络图相对来说容易一些。

实训训练

实训训练(1)
实训目的：掌握网络图的绘制。
实训要求：利用网络计划技术编制双代号网络图。
实训题目：
任务案例中别墅装饰装修工程，选取别墅中四间卧室进行装饰装修，建筑面积、装修内容以附图为准。划分施工过程和施工段，计算工程量、查找定额、计算劳动量、确定施工人数和持续时间，用正确的绘图规则绘制双代号网络图。要求逻辑关系表达正确。
实训训练(2)
实训目的：掌握网络图的绘制。
实训题目：
(1)已知逻辑关系见表4-1，绘制双代号网络图。

表 4-1　逻辑关系(1)

工作	A	B	C	D
紧前工作	—	—	A、B	B

（2）已知逻辑关系见表 4-2，绘制双代号网络图。

表 4-2　逻辑关系(2)

工作	A	B	C	D	E	G
紧前工作	—	—	—	A、B	A、B、C	D、E

（3）已知逻辑关系见表 4-3，绘制双代号网络图。

表 4-3　逻辑关系(3)

工作	A	B	C	D	E
紧前工作	—	—	A	A、B	B

（4）已知逻辑关系见表 4-4，绘制双代号网络图。

表 4-4　逻辑关系(4)

工作	A	B	C	D	E	G	H
紧前工作	—	—	—	—	A、B	B、C、D	C、D

（5）已知逻辑关系见表 4-5，绘制单代号网络图。

表 4-5　逻辑关系(5)

工作	A	B	C	D	E	G	H	I
紧前工作	—	—	—	—	A、B	B、C、D	C、D	E、G、H

（6）已知逻辑关系见表 4-6，绘制双代号网络图。

表 4-6　逻辑关系(6)

工作	A	B	C	D	E	G	H
紧前工作	—	—	A	A	B	D、H	B

（7）已知逻辑关系见表 4-7，绘制双代号网络图。

表 4-7　逻辑关系(7)

工作	A	B	C	D	E	G
紧前工作	—	—	—	—	B、C、D	A、B、C

（8）已知逻辑关系见表 4-8，绘制双代号网络图。

表 4-8　逻辑关系(8)

工作	A	B	C	D	E	G	H	I	J
紧前工作	—	—	—	A	A	D、E	A、B、C	B、D	B、D

4.3 计算网络计划时间参数

网络计划是指在网络图上加注时间参数而编制的进度计划。网络计划时间参数的计算应在各项工作的持续时间确定之后进行。

4.3.1 网络计划时间参数的概念

时间参数是指网络计划、工作及节点所具有的各种时间值。

1. 工作持续时间和工期

(1)工作持续时间。工作持续时间是指一项工作从开始到完成的时间。工作的持续时间用 D 表示。

(2)工期。工期是指完成一项任务所需要的时间。在网络计划中,工期一般有以下三种:

1)计算工期。计算工期是指根据网络计划时间参数而得到的工期,用 T_c 表示。

2)要求工期。要求工期是指任务委托人所提出的指令性工期,用 T_r 表示。

3)计划工期。计划工期是指根据要求工期和计算工期所确定的作为实施目标的工期,用 T_p 表示。

①当已规定了要求工期时,计划工期不应超过要求工期,即 $T_p \leqslant T_r$。

②当未规定要求工期时,可令计划工期等于计算工期,即 $T_p = T_c$。

2. 工作的六个时间参数

除工作持续时间外,网络计划中工作的六个时间参数是最早开始时间、最早完成时间、最迟完成时间、最迟开始时间、总时差和自由时差。

(1)最早开始时间和最早完成时间。工作的最早开始时间是指在其所有紧前工作全部完成后,本工作有可能开始的最早时间;工作的最早完成时间是指在其所有紧前工作全部完成后,本工作有可能完成的最早时间。工作的最早完成时间等于本工作的最早开始时间与其持续时间之和。

在双代号网络计划中,工作 $i—j$ 的最早开始时间和最早完成时间分别用 ES_{i-j} 和 EF_{i-j} 表示;在单代号网络计划中,工作 i 的最早开始时间和最早完成时间分别用 ES_i 和 EF_i 表示。

(2)最迟完成时间和最迟开始时间。工作的最迟完成时间是指在不影响整个任务按期完成的前提下,本工作必须完成的最迟时间;工作的最迟开始时间是指在不影响整个任务按期完成的前提下,本工作必须开始的最迟时间。工作的最迟开始时间等于本工作的最迟完成时间与其持续时间之差。

在双代号网络计划中,工作 $i—j$ 的最迟完成时间和最迟开始时间分别用 LF_{i-j} 和 LS_{i-j} 表示;在单代号网络计划中,工作 i 的最迟开始时间和最迟完成时间分别用 LS_i 和 LF_i 表示。

(3)总时差和自由时差。工作的总时差是指在不影响总工期的前提下,本工作可以利用的机动时间。在双代号网络计划中,工作 $i—j$ 的总时差用 TF_{i-j} 表示;在单代号网络计划中,工作 i 的总时差用 TF_i 表示。

工作的自由时差是指在不影响其紧后工作最早开始时间的前提下,本工作可以利用的机动时间。在双代号网络计划中,工作 $i—j$ 的自由时差用 FF_{i-j} 表示;在单代号网络计划中,工作 i 的自由时差用 FF_i 表示。

从总时差和自由时差的定义可知，对于同一项工作而言，自由时差不会超过总时差。当工作的总时差为零时，其自由时差必然为零。在网络计划的执行过程中，工作的自由时差是该工作可以自由使用的时间。但是，如果利用某项工作的总时差，则有可能使该工作后续工作的总时差减小。

3. 相邻两项工作之间的时间间隔

相邻两项工作之间的时间间隔是指本工作的最早完成时间与其紧后工作最早开始时间之间可能存在的差值。工作 i 与工作 j 之间的时间间隔用 $LAG_{i,j}$ 表示。

4.3.2 双代号网络计划时间参数的计算

1. 按工作计算法

按工作计算法是指以网络计划中的工作为对象，直接计算各项工作的时间参数，这些时间参数包括工作的最早开始时间和最早完成时间、工作的最迟开始时间和最迟完成时间、工作的总时差和自由时差。另外，还应计算网络计划的计算工期。

以图 4-23 所示的双代号网络计划为例，说明按工作计算法计算时间参数的过程。其计算结果如图 4-24 所示。

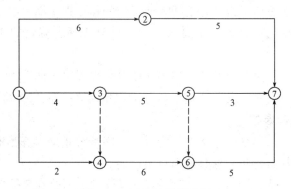

图 4-23　双代号网络计划

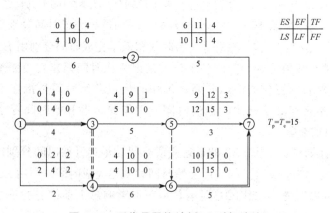

图 4-24　双代号网络计划(六时标注法)

(1)计算工作的最早开始时间和最早完成时间。工作最早开始时间和最早完成时间的计算应从网络计划的起点节点开始，顺着箭线方向依次进行。其计算步骤如下：

1)以网络计划起点节点为开始节点的工作，当未规定其最早开始时间时，其最早开始

时间为零。例如，在本例中，工作 1—2、工作 1—3 和工作 1—4 的最早开始时间都为零，即

$$ES_{1-2}=ES_{1-3}=ES_{1-4}=0$$

2）工作的最早完成时间：

$$EF_{i-j}=ES_{i-j}+D_{i-j} \tag{4-1}$$

式中 EF_{i-j}——工作 $i—j$ 的最早完成时间；

ES_{i-j}——工作 $i—j$ 的最早开始时间；

D_{i-j}——工作 $i—j$ 的持续时间。

如在本例中，工作 1—2、工作 1—3 和工作 1—4 的最早完成时间分别为

工作 1—2：$EF=0+6=6$

工作 1—3：$EF=0+4=4$

工作 1—4：$EF=0+2=2$

3）其他工作的最早开始时间应等于其紧前工作最早完成时间的最大值，即

$$ES_{i-j}=\max\{EF_{h-i}\}=\max\{ES_{h-i}+D_{h-i}\} \tag{4-2}$$

式中 ES_{i-j}——工作 $i—j$ 的最早开始时间；

EF_{h-i}——工作 $i—j$ 的紧前工作 $h—i$（非虚工作）的最早完成时间；

ES_{h-i}——工作 $i—j$ 的紧前工作 $h—i$（非虚工作）的最早开始时间；

D_{h-i}——工作 $i—j$ 的紧前工作 $h—i$（非虚工作）的持续时间。

如在本例中，工作 3—5 和工作 4—6 的最早开始时间分别为

$$ES_{3-5}=EF_{1-3}=4$$

$$ES_{4-6}=\max\{EF_{1-3},\ EF_{1-4}\}=\max\{4,\ 2\}=4$$

4）网络计划的计算工期应等于以网络计划终点节点为完成节点的工作的最早完成时间的最大值，即

$$T_c=\max\{EF_{i-n}\}=\max\{ES_{i-n}+D_{i-n}\} \tag{4-3}$$

式中 T_c——网络计划的计算工期；

EF_{i-n}——以网络计划终点节点 n 为完成节点的工作的最早完成时间；

ES_{i-n}——以网络计划终点节点 n 为完成节点的工作的最早开始时间；

D_{i-n}——以网络计划终点节点 n 为完成节点的工作的持续时间。

在本例中，网络计划的计算工期为

$$T_c=\max\{EF_{2-7},\ EF_{5-7},\ EF_{6-7}\}=\max\{11,\ 12,\ 15\}=15$$

（2）确定网络计划的计划工期。网络计划的计划工期应按式（4-3）确定。在本例中，假设未规定要求工期，则其计划工期就等于计算工期，即

$$T_p=T_c=15$$

计划工期应标注在网络计划终点节点的右上方，如图 4-24 所示。

（3）计算工作的最迟完成时间和最迟开始时间。工作最迟完成时间和最迟开始时间的计算应从网络计划的终点节点开始，逆着箭线方向依次进行。其计算步骤如下：

1）以网络计划终点节点为完成节点的工作，其最迟完成时间等于网络计划的计划工期，即

$$LF_{i-n}=T_p$$

式中 LF_{i-n}—— 以网络计划终点节点 n 为完成节点的工作的最迟完成时间；

T_p——网络计划的计划工期。

如在本例中，工作 2—7、工作 5—7 和工作 6—7 的最迟完成时间为

$$LF=T_p=15$$

2）工作的最迟开始时间：

$$LS_{i-j}=LF_{i-j}-D_{i-j} \tag{4-4}$$

式中符号意义同前。

如在本例中，工作 2—7、工作 5—7 和工作 6—7 的最迟开始时间分别为

$$LS_{2-7}=15-5=10$$
$$LS_{5-7}=15-3=12$$
$$LS_{6-7}=15-5=10$$

3）其他工作的最迟完成时间应等于其紧后工作最迟开始时间的最小值，即

$$LF_{i-j}=\min\{LS_{j-k}\}=\min\{LF_{j-k}-D_{j-k}\} \tag{4-5}$$

如在本例中，工作 3—5 和工作 4—6 的最迟完成时间分别为

$$LF_{3-5}=\min\{LS_{5-7}，LS_{6-7}\}=\min\{12，10\}=10$$
$$LF_{4-6}=LS_{6-7}=10$$

（4）计算工作的总时差。工作的总时差等于该工作最迟完成时间与最早完成时间之差，或该工作最迟开始与最早开始时间之差，即

$$TF_{i-j}=LF_{i-j}-EF_{i-j}=LS_{i-j}-ES_{i-j} \tag{4-6}$$

式中符号意义同前所述。

如在本例中，工作 3—5 的总时差为

$$TF_{3-5}=LF_{3-5}-EF_{3-5}=10-9=1$$

或

$$TF_{3-5}=LS_{3-5}-ES_{3-5}=5-4=1$$

（5）计算工作的自由时差。工作自由时差的计算应按以下两种情况分别考虑：

1）对于有紧后工作的工作，其自由时差等于本工作的紧后工作最早开始时间减去本工作最早完成时间所得之差的最小值，即

$$FF_{i-j}=\min\{ES_{j-k}-EF_{i-j}\}=\min\{ES_{j-k}-ES_{i-j}-D_{i-j}\} \tag{4-7}$$

式中符号意义同前所述。

如在本例中，工作 1—4 和工作 3—5 的自由时差分别为

$$FF_{1-4}=ES_{4-6}-EF_{1-4}=4-2=2$$
$$FF_{3-5}=\min\{ES_{5-7}-EF_{3-5}，ES_{6-7}-EF_{3-5}\}$$
$$=\min\{9-9，10-9\}=0$$

2）对于无紧后工作的工作，也就是以网络计划终点节点为完成节点的工作，其自由时差等于计划工期与本工作最早完成时间之差，即

$$FF_{i-n}=T-EF_{i-n}=T_p-ES_{i-n}-D_{j-n} \tag{4-8}$$

式中　FF_{i-n}——以网络计划终点节点 n 为完成节点的工作 $i-n$ 的自由时差。

如在本例中，工作 2—7、工作 5—7 和工作 6—7 的自由时差分别为

$$FF_{2-7}=T_p-EF_{6-7}=15-11=4$$
$$FF_{5-7}=T_p-EF_{5-7}=15-12=3$$
$$FF_{6-7}=T_p-EF_{6-7}=15-15=0$$

需要指出的是，对于网络计划中以终点节点为完成节点的工作，其自由时差与总时差

相等。另外，由于工作的自由时差是其总时差的构成部分，所以，当工作的总时差为零时，其自由时差必然为零，可不必进行专门计算。在本例中，工作 1—3、工作 4—6 和工作 6—7 的总时差全部为零，因此，其自由时差也全部为零。

(6)确定关键工作和关键线路。在网络计划中，总时差最小的工作为关键工作。特别是当网络计划的计划工期等于计算工期时，总时差为零的工作就是关键工作。在本例中，工作 1—3、工作 4—6 和工作 6—7 的总时差均为零，故它们都是关键工作。找出关键工作之后，将这些关键工作首尾相连，便构成从起点节点到终点节点的通路，位于该通路上各项工作的持续时间总和最大，这条通路就是关键线路。在关键线路上可能有虚工作存在。

关键线路一般用粗箭线或双箭线标出，也可以用彩色箭线标出。在本例中，线路①→③→④→⑥→⑦即关键线路。关键线路上各项工作的持续时间总和应等于网络计划的计算工期，这一特点也是判别关键线路是否正确的准则。

在上述计算过程中，将每项工作的六个时间参数均标注在图中，称为六时标注法，如图 4-24 所示。为使网络计划的图面更加简洁，在双代号网络计划中，除各项工作的持续时间外，通常只需要标注两个最基本的时间参数——各项工作的最早开始时间和最迟开始时间，而工作的其他四个时间参数(最早完成时间、最迟完成时间、总时差和自由时差)均可根据工作的最早开始时间，最迟开始时间及持续时间导出，这种方法称为二时标注法，如图 4-25 所示。

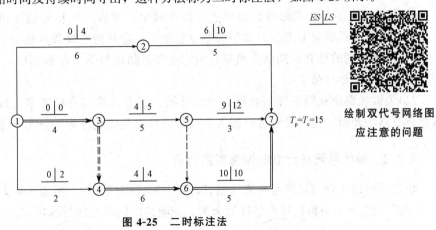

图 4-25　二时标注法

2. 标号法

标号法是一种快速寻求网络计划计算工期和关键线路的方法。它利用按节点计算法的基本原理，对网络计划中的每一个节点进行标号，然后利用标号值确定网络计划的计算工期和关键线路。

以图 4-23 所示的网络计划为例，说明标号法的计算过程。其计算结果如图 4-26 所示。其计算过程如下：

(1)网络计划起点节点的标号值为零。如在本例中，节点①的标号值为零。

(2)其他节点的标号值应根据式(4-9)按节点编号从小到大顺序进行计算：

$$b_j = \max\{b_i + D_{i-j}\} \tag{4-9}$$

式中　　b_j——工作 $i—j$ 的完成节点 j 的标号值；

　　　　b_i——工作 $i—j$ 的开始节点 i 的标号值；

　　　　D_{i-j}——工作 $i—j$ 的持续时间。

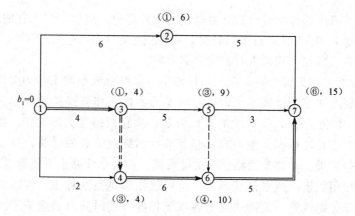

图 4-26　双代号网络计划(标号法)

如在本例中，节点③和节点④的标号值分别为

$$b_3 = b_1 + D_{1-3} = 0 + 4 = 0$$

$$b_4 = \max\{b_1 + D_{1-4}, \ b_3 + D_{3-4}\} = \max\{0 + 2, \ 4 + 0\} = 4$$

当计算出节点的标号值后，应该用其标号值及其源节点对该节点进行标号。所谓源节点，就是用来确定本节点标号值的节点。在本例中，节点④的标号值 4 由节点③所确定，故节点④的源节点就是节点③。如果源节点有多个，应将所有源节点标出。

(3)网络计划的计算工期就是网络计划终点节点的标号值。在本例中，其计算工期就等于终点节点⑦的标号值 15。

(4)关键线路应从网络计划的终点节点开始，逆着箭线方向按源节点确定。在本例中，从终点节点⑦开始，逆着箭线方向按源节点可以找出关键线路为①→③→④→⑥→⑦。

4.3.3　单代号网络计划时间参数的计算

单代号网络计划与双代号网络计划只是表现形式不同，它们所表达的内容则完全胡同。以图 4-27 所示的单代号网络计划为例。说明其时间参数的计算过程。

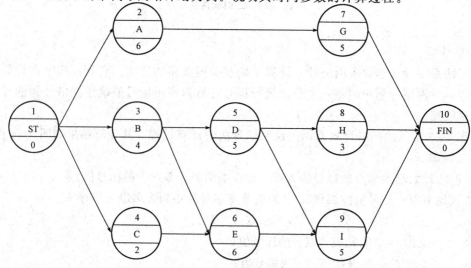

图 4-27　单代号网络计划

1. 计算工作的最早开始时间和最早完成时间

工作最早开始时间和最早完成时间的计算应从网络计划的起点节点开始，顺着箭线方向按节点编号从小到大的顺序依次进行。其计算步骤如下：

(1)网络计划起点节点所代表的工作，其最早开始时间未规定时取值为零，如在本例中，起点节点 ST 所代表的工作(虚工作)的最早开始时间为零，即

$$ES_1 = 0 \tag{4-10}$$

(2)工作的最早完成时间应等于本工作的最早开始时间与其持续时间之和，即

$$EF_i = ES_i + D_i \tag{4-11}$$

如在本例中，虚工作 ST 和工作 A 的最早完成时间分别为

$$EF_1 = ES_1 + D_1 = 0 + 0 = 0; \qquad EF_2 = ES_2 + D_2 = 0 + 6 = 6$$

(3)其他工作的最早开始时间应等于其紧前工作最早完成时间的最大值，即

$$ES_j = \max\{EF_i\} \tag{4-12}$$

如在本例中，工作 E 和工作 G 的最早开始时间分别为

$$ES_6 = \max\{EF_3, \ EF_4\} = \max\{4, \ 2\} = 4$$
$$ES_7 = EF_2 = 6$$

(4)网络计划的计算工期等于其终点节点所代表的工作的最早完成时间

如在本例中，其计算工期为

$$T_c = EF_{10} = 15$$

2. 计算相邻两项工作之间的时间间隔($LAG_{i,j}$)

相邻两项工作之间的时间间隔是指其紧后工作的最早开始时间与本工作最早完成时间的差值。即

$$LAG_{i,j} = ES_j - EF_i \tag{4-13}$$

如在本例中，工作 A 与工作 G、工作 C 与工作 E 的时间间隔分别为

$$LAG_{2,7} = ES_7 - EF_2 = 6 - 6 = 0; \ LAG_{4,6} = ES_6 - EF_4 = 4 - 2 = 2$$

3. 确定网络计划的计划工期

网络计划的计划工期仍按式(4-3)确定。在本例中，假设未规定要求工期，则其计划工期就等于计算工期，即

$$T_p = T_c = 15$$

4. 计算工作的总时差

工作总时差的计算应从网络计划的终点节点开始，逆着箭线方向按节点编号从大到小的顺序依次进行。

(1)网络计划终点节点 n 所代表的工作的总时差应等于计划工期与计算工期之差，即

$$TF_n = T_p - T_c$$

当计划工期等于计算工期时，该工作的总时差为零。在本例中，终点节点⑩所代表的工作 FIN(虚工作)的总时差为

$$TF_{10} = T_p - T_c = 15 - 15 = 0 \tag{4-14}$$

(2)其他工作的总时差应等于本工作与其各紧后工作之间的时间间隔加该紧后工作的总时差所得之和的最小值，即

$$TF_i = \min\{LAG_{i,j} + TF_j\} \tag{4-15}$$

在本例中，工作 H 和工作 D 的总时差分别为

$$TF_8 = LAG_{8,10} + TF_{10} = 3 + 0 = 3$$
$$TF_5 = \min\{LAG_{5,8} + TF_8, \ LAG_{5,9} + TF_9\}$$
$$= \min\{0 + 3, \ 1 + 0\}$$
$$= 1$$

5. 计算工作的自由时差

(1)网络计划终点节点 n 所代表的工作的自由时差等于计划工期与本工作的最早完成时间之差，即

$$FF_n = T_p - EF_n \tag{4-16}$$

在本例中，终点节点⑩所代表的工作 FIN(虚工作)的自由时差为

$$FF_{10} = T_p - EF_{10} = 15 - 15 = 0$$

(2)其他工作的自由时差等于本工作与其紧后工作之间时间间隔的最小值，即

$$FF_i = \min\{LAG_{5,9}\}$$

在本例中，工作 D 和工作 G 的自由时差分别为

$$FF_5 = \min\{LAG_{5,8}, \ LAG_{5,9}\} = \min\{0, \ 1\} = 0$$
$$FF_7 = LAG_{7,10} = 4$$

6. 计算工作的最迟完成时间和最迟开始时间

工作的最迟完成时间和最迟开始时间的计算可按以下两种方法进行：

(1)根据总时差计算。

1)工作的最迟完成时间等于工作的最早完成时间与其总时差之和，即

$$LF_i = EF_i + TF_i \tag{4-17}$$

在本例中，工作 D 和工作 G 的最迟完成时间分别为

$$LF_5 = EF_5 + TF_5 = 9 + 1 = 10$$
$$LF_7 = EF_7 + TF_7 = 11 + 4 = 15$$

2)工作最迟开始时间等于本工作的最早开始时间与其总时差之和，即

$$LS_i = ES_i + TF_i \tag{4-18}$$

在本例中，工作 D 和工作 G 的最迟开始时间分别为

$$LS_5 = ES_5 + TF_5 = 4 + 1 = 5$$
$$LS_7 = ES_7 + TF_7 = 6 + 4 = 10$$

(2)根据计划工期计算。工作最迟完成时间和最迟开始时间的计算应从网络计划的终点节点开始。逆着箭线方向按节点编号从大到小的顺序依次进行。

1)网络计划终点节点 n 所代表的工作的最迟完成时间等于该网络计的计划工期，即

$$LF_n = T_p \tag{4-19}$$

在本例中，终点节点⑩所代表的工作 FIN(虚工作)的最迟完成时间为

$$LF_{10} = T_p = 15$$

2)工作的最迟开始时间等于本工作的最迟完成时间与其持续时间之差，即

$$LS_i = LF_i - D_i \tag{4-20}$$

在本例中，虚工作 FIN 和工作 G 的最迟开始时间分别为

$$LS_{10} = LF_{10} - D_{10} = 15 - 0 = 15$$
$$LS_7 = LF_7 - D_7 = 15 - 5 = 10$$

3）其他工作的最迟完成时间等于该工作各紧后工作最迟开始时间的最小值，即

$$LF_i = \min\{LS_i\} \tag{4-21}$$

在本例中，工作 H 和工作 D 的最迟完成时间分别为

$$LF_8 = LS_{10} = 15$$

$$LF_5 = \min\{LS_8, LS_9\}$$

$$= \min\{12, 10\}$$

$$= 10$$

7. 确定网络计划的关键线路

（1）利用关键工作确定关键线路。总时差最小的工作为关键工作，将这些关键工作相连，并保证相邻两项关键工作之间的时间间隔为零而构成的线路就是关键线路。

如在本例中，由于工作 B、E、I 的总时差均为零，故它们为关键工作。由网络计划的起点节点①和终点节点⑩与上述三项关键工作组成的线路上，相邻两项工作之间的时间间隔全部为零，故线路①→③→⑥→⑨→⑩为关键线路。

（2）利用相邻两项工作之间的时间间隔确定关键线路。从网络计划的终点节点开始，逆着箭线方向依次找出相邻两项工作之间时间间隔为零的线路就是关键线路。在本例中，逆着箭线方面可以直接找出关键线路①→③→⑥→⑨→⑩，因为在这条线路上，相邻两项工作之间的时间间隔均为零。在网络计划中，关键线路可以用粗箭线或双箭线标出，也可用彩色箭线标出。其计算结果如图 4-28 所示。

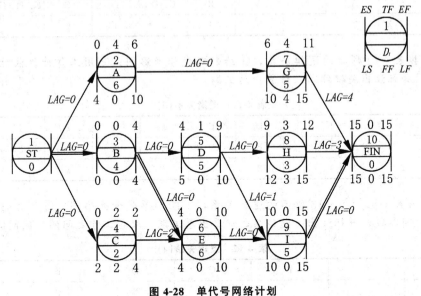

图 4-28　单代号网络计划

小　结

网络计划的学习是网络计划技术的核心，也是后期参加各类注册类考试、各种培训必不可少的内容，应熟练掌握。

实训要求：能够计算双代号网络计划工期，找出关键线路。

实训题目(1)：

对上一任务绘制的双代号网络图进行时间参数的计算，并找出关键线路。

实训题目(2)：

(1)根据表4-9所示的逻辑关系，①绘制双代号网络图；②用工作计算法计算所有的时间参数，并标注出关键线路，计算出总工期。

表4-9 逻辑关系(1)

工作	A	B	C	D	E	F	G	H	I	J	K
紧前工作	—	—	B、E	A、C、H	—	B、E	E	F、G	F、G	A、C、I、H	F、G
持续时间	22	10	13	8	15	17	15	6	11	12	20

(2)根据表4-10所示的逻辑关系，①绘制双代号网络图；②用工作计算法计算所有的时间参数，并标注出关键线路，计算出总工期。

表4-10 逻辑关系(2)

工作	A	B	C	D	E	G	H	I	J	K
紧前工作	—	A	A	A	B	C、D	D	B	E、H、G	G
持续时间	2	3	4	5	6	3	4	7	2	3

(3)根据表4-11所示的逻辑关系，①绘制双代号网络图；②用工作计算法计算所有的时间参数，并标注出关键线路，计算出总工期。

表4-11 逻辑关系(3)

工作	A	B	C	D	E	G	H	I	J	K
紧前工作	—	A	A	B	B	D	G	E、G	C、E、G	H、I
持续时间	2	3	5	2	3	3	2	3	6	2

(4)根据表4-12、表4-13所示的逻辑关系，①绘制单代号网络图；②用工作计算法计算所有的时间参数，并标注出关键线路，计算出总工期，求各工作之间的时间间隔(LAG)。

表4-12 逻辑关系(4)

工作	A	B	C	D	E	G
紧前工作	—	—	—	B	B	C、D
持续时间	12	10	5	7	6	4

表4-13 逻辑关系(5)

工作名称	A	B	C	D	E	G
紧后工作	D、E	D、E	E	G	G	—
持续时间	11	12	14	13	12	15

(5)根据图4-29～图4-36所示，用标号法求出总工期，并绘制出关键线路。

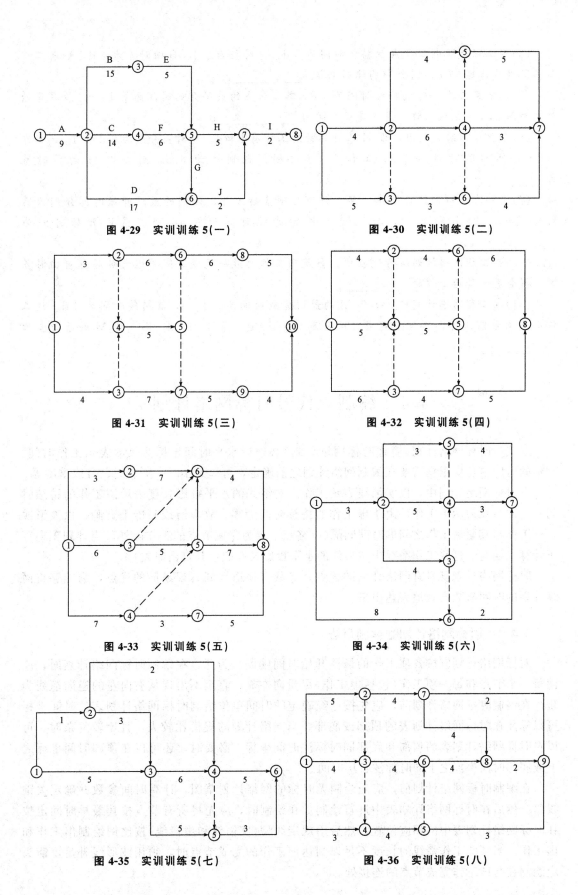

图 4-29　实训训练 5(一)

图 4-30　实训训练 5(二)

图 4-31　实训训练 5(三)

图 4-32　实训训练 5(四)

图 4-33　实训训练 5(五)

图 4-34　实训训练 5(六)

图 4-35　实训训练 5(七)

图 4-36　实训训练 5(八)

(6) 某工程计划中工作 A 的持续时间为 5 d，总时差为 8 d，自由时差为 4 d，如果工作 A 实际进度拖延 13 d，则会影响计划工期_____d。

(7) 已知某工作 $i—j$ 的持续时间为 4 d，其 1 节点的最早开始时间为第 18 d，最迟开始时间为第 21 d，则该工作的最早完成时间为_____d。

(8) 单代号网络计划中，设 H 工作的紧后工作有 I 和 J，总时差分别为 3 d 和 4 d，工作 H、I 之间间隔时间为 8 d，工作 H、J 之间间隔时间为 6 d，则工作 H 的总时差为_____。

(9) 已知在工程网络计划中，某工作有 4 项紧后工作，他们的最迟开始时间分别为第 18 d、20 d、21 d 和 23 d，如果该工作的持续时间为 6 d，则其最迟开始时间为_____d。

(10) 在工程网络计划执行过程中，当某项工作的最早完成时间推迟天数超过自由时差时，将会影响紧后工作的_____。

(11) 在工程网络计划中，工作 M 的最迟完成时间为第 25 d，其持续时间为 6 d。该工作有三项紧前工作，其最早完成时间分别为第 10 d、12 d、13 d，则工作 M 的总时差为_____d。

4.4 编制双代号时标网络计划

双代号时标网络计划（简称时标网络计划）必须以水平时间坐标为尺度表示工作时间。时标的时间单位应根据需要在编制网络计划之前确定，可以是小时、天、周、月或季度等。

在时标网络计划中，以实箭线表示工作，实箭线的水平投影长度表示该工作的持续时间；以虚箭线表示虚工作，由于虚工作的持续时间为零，故虚箭线只能垂直画；以波形线表示工作与其紧后工作之间的时间间隔（以终点节点为完成节点的工作除外，当计划工期等于计算工期时，这些工作箭线中波形线的水平投影长度表示其自由时差）。

时标网络计划既具有网络计划的优点，又具有横道计划直观易懂的优点，它能够将网络计划的时间参数直观地表达出来。

4.4.1 时标网络计划的编制方法

时标网络计划宜按各项工作的最早开始时间编制。为此，在编制时标网络计划时，应使每一个节点和每一项工作（包括虚工作）尽量向左靠，直至不出现从右向左的逆向箭线为止。在编制时标网络计划前，应先按已经确定的时间单位绘制时标网络计划表。时间坐标可以标注在时标网络计划表的顶部或底部。当网络计划的规模比较大，且比较复杂时，可以在时标网络计划表的顶部和底部同时标注时间坐标。必要时，还可以在顶部时间坐标之上或底部时间坐标之下同时加注日历时间。

在编制时标网络计划前，应先绘制无时标的网络计划草图，计算时间参数并确定关键线路。然后在时标网络计划表中进行绘制。在绘制时，应先将所有节点按其最早时间定位在时标网络计划表中的相应位置，然后用规定线型（实箭线和虚箭线）按比例绘制出工作和虚工作。当某些工作箭线的长度不足以到达该工作的完成节点时，须用波形线补足，箭头应绘制在与该工作完成节点的连接处。

双代号时标网络计划如图 4-37 所示。

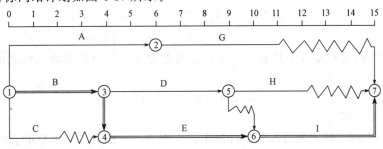

图 4-37　双代号时标网络计划

4.4.2　网络计划中时间参数的判定

1. 关键线路和计算工期的判定

(1)关键线路的判定。时标网络计划中的关键线路可以从网络计划的终点节点开始，逆着路线方向进行判定。凡自始至终不出现波形线的线路即关键线路。因为不出现波形线路就说明在这条线上相邻两项工作之间的时间间隔全部为零，也就是在计算工期等于计划工期前提下，这些工作的总时差和自由时差全部为零。在图 4-37 所示的时标网络计划中，线路①→③→④→⑥→⑦即关键线路。

(2)计算工期的判定。网络计划的计算工期应等于终点节点所对应的时标值与起点节点所对应的时标值之差。如图 4-37 所示，时标网络计划的计算工期为

$$T_c = 15 - 0 = 15$$

2. 相邻两项工作之间时间间隔的判定

除以终点节点为完成节点的工作外，工作箭线中波形线的水平投影长度表示工作与其紧后工作之间的时间间隔。例如，在图 4-37 所示的时标网络计划中，工作 C 和工作 E 之间的时间间隔为 2；工作 D 和工作 I 之间的时间间隔为 1。

3. 工作六个时间参数的判定

(1)工作最早开始时间和最早完成时间的判定。工作箭线左端节点中心所对应的时标值为该工作的最早开始时间；当工作箭线中不存在波形线时，其右端节点中心所对应的时标值为该工作的最早完成时间；当工作箭线中存在波形线时，工作箭线实线部分右端点所对应的时标值为该工作的最早完成时间。在图 4-37 所示的时标网络计划中，工作 A 和工作 H 的最早开始时间分别为 0 和 9，而它们的最早完成时间分别为 6 和 12。

(2)工作总时差的判定。工作总时差的判定应从网络计划的终点节点开始，逆着箭线方向依次进行。

1)以终点节点为完成节点的工作，其总时差应等于计划工期与本工作最早完成时间之差，即

$$TF_{i-n} = T_p - EF_{i-n} \qquad (4\text{-}22)$$

式中符号意义同前所述。

例如，在图 4-37 所示的时标网络计划中，计划工期为 15 d，则工作 G、工作 H、工作 I 的总时差分别为

$$TF_{2-7}=T_p-EF_{2-7}=15-11=4$$
$$TF_{5-7}=T_p-EF_{5-7}=15-12=3$$
$$TF_{6-7}=T_p-EF_{6-7}=15-15=0$$

2)其他工作的总时差等于其紧后工作的总时差加本工作与该紧后工作之间的时间间隔所得之和的最小值，即

$$TF_{i-j}=\min\{TF_{j-k}+LAG_{i-j,j-k}\} \qquad (4-23)$$

式中符号意义如前所述。

例如，在图 4-37 所示的时标网络计划中，工作 A、工作 C、工作 D 的总时差分别为

$$TF_{1-2}=TF_{2-7}+LAG_{1-2,2-7}=4+0=4$$
$$TF_{1-4}=TF_{4-6}+LAG_{1-4,4-6}=0+2=2$$
$$TF_{3-5}=\min\{TF_{5-7}+LAG_{3-5,5-7}, \quad TF_{6-7}+LAG_{3-5,6-7}\}$$
$$=\min\{3+0, \ 0+1\}$$
$$=1$$

（3）工作自由时差的判定。

1）以终点节点为完成节点的工作，其自由时差应等于计划工期与本工作最早完成时间之差，即

$$FF_{i-n}=T_p-EF_{i-n} \qquad (4-24)$$

例如，在图 4-37 所示的时标网络计划中，工作 G、工作 H 和工作 J 的自由时差分别为

$$FF_{2-7}=T_p-EF_{2-7}=15-11=4$$
$$FF_{5-7}=T_p-EF_{s-7}=15-12=3$$
$$FF_{6-7}=T_p-EF_{6-7}=15-15=0$$

事实上，以终点节点为完成节点的工作，其自由时差与总时差必然相等。

2）其他工作的自由时差就是该工作箭线中波形线的水平投影长度。但当工作之后只紧接虚工作时，则该工作箭线上一定不存在波形线，而其紧接的虚箭线中波形线水平投影长度的最短者为该工作的自由时差。

例如，在图 4-37 所示的时标网络计划中，工作 A、工作 B、工作 D 和工作 E 的自由时差均为零，而工作 C 的自由时差为 2。

（4）工作最迟开始时间和最迟完成时间的判定。

1）工作最迟开始时间等于本工作的最早开始时间与其总时差之和，即

$$LS_{i-j}=ES_{i-j}+TF_{i-j} \qquad (4-25)$$

例如，在图 4-37 所示的时标网络计划中，工作 A、工作 C、工作 D、工作 G、工作 H 的最迟开始时间分别为

$$LS_{1-2}=ES_{1-2}+TF_{1-2}=0+4=4$$
$$LS_{1-4}=ES_{1-4}+TF_{1-4}=0+2=2$$
$$LS_{3-5}=ES_{3-5}+TF_{3-5}=4+1=5$$
$$LS_{2-7}=ES_{2-7}+TF_{2-7}=6+4=10$$
$$LS_{5-7}=ES_{5-7}+TF_{5-7}=9+3=12$$

2）工作的最迟完成时间等于本工作的最早完成时间与其总时差之和，即

$$LF_{i-j}=EF_{i-j}+TF_{i-j} \qquad (4-26)$$

例如，在图 4-37 所示的时标网络计划中，工作 A、工作 C、工作 D、工作 G、工作 H 的最迟完成时间分别为

$$LF_{1-2}=EF_{1-2}+TF_{1-2}=6+4=10$$
$$LF_{1-4}=EF_{1-4}+TF_{1-4}=2+2=4$$
$$LF_{3-5}=EF_{3-5}+TF_{3-5}=9+1=10$$
$$LF_{2-7}=EF_{2-7}+TF_{2-7}=11+4=15$$
$$LF_{5-7}=EF_{5-7}+TF_{5-7}=12+3=15$$

小　结

要想掌握双代号时标网络计划，必须先掌握横道图、网络图的绘制和计算。否则，学习起来就很困难。

实训训练

实训要求：能够绘制双代号时标网络计划

实训题目(1)：

根据上一任务绘制的双代号网络图绘制双代号时标网络计划，计算各工作总时差和自由时差，并寻找关键线路。

实训题目(2)：

(1)某分部工程双代号时标网络计划如图 4-38 所示，该计划所提供的正确信息是(　　)。

A. 工作 B 的总时差为 3 d
B. 工作 C 的总时差为 2 d
C. 工作 G 的自由时差为 2 d
D. 工作 D 为非关键工作
E. 工作 E 的总时差为 3 d

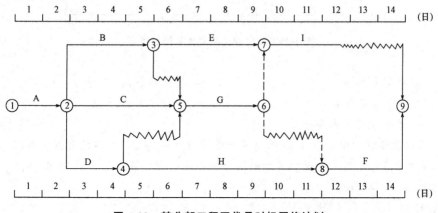

图 4-38　某分部工程双代号时标网络计划

(2)已知各工作间逻辑关系见表 4-14，绘制出双代号时标网络计划，找出关键线路，求出工期。

表 4-14　逻辑关系(1)

工作名称	A	B	C	D	E
紧前工作	—	—	A	A、B	B
持续时间	1	3	4	5	3

(1)在工程网络计划中，关键工作是指(　　)的工作。

A. 时标网络计划中无波形线

B. 双代号网络计划中两端节点为关键节点

C. 最早开始时间与最迟开始时间相差最小

D. 最早完成时间与最迟完成时间相差最小

E. 与紧后工作之间时间间隔为零的工作

(2)根据表4-15所示逻辑关系绘制而成的某分部工程双代号网络计划如图4-39所示，其中错误的有(　　)。

表 4-15　逻辑关系(2)

工作名称	A	B	C	D	E	G	H	I
紧后工作	C、D	E	G	—	H、I	—	—	—

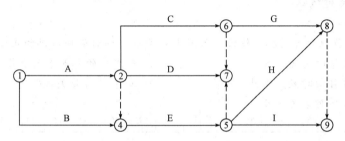

图 4-39　某分部工程双代号网络计划

A. 节点编号有误　　　　　　　　　　B. 有循环回路

C. 有多个起点节点　　　　　　　　　D. 有多个终点节点

E. 不符合给定逻辑关系

(3)在工程网络计划中，工作 M 的最早开始时间为第 17 d，其持续时间为 5 d。该工作有 3 项紧后工作，它们的最迟开始时间分别为第 25 d、第 27 d 和第 30 d，则工作 M 的自由时差为(　　)d。

A. 13　　　　　　　B. 8　　　　　　　C. 5　　　　　　　D. 3

(4)在工程网络计划中，工作 M 的最早开始时间为第 28 d，其持续时间为 9 d。该工作有三项紧后工作，它们的最迟开始时间分别为第 40 d、第 43 d 和第 48 d，则工作 M 的总时差为(　　)d。

A. 20　　　　　　　B. 11　　　　　　　C. 3　　　　　　　D. 12

(5)在工程网络计划执行过程中，当某项工作的总时差刚好被全部利用时，则不会影响(　　)。

A. 其紧后工作的最早开始时间　　　　B. 其后续工作的最早开始时间

C. 其紧后工作的最迟开始时间　　　　D. 本工作的最早完成时间

(6)工程网络计划的计算工期应等于其所有结束工作(　　)。

    A. 最早完成时间的最小值　　　　　　B. 最早完成时间的最大值

    C. 最迟完成时间的最小值　　　　　　D. 最迟完成时间的最大值

(7)在工程网络计划中,判别关键工作的条件是(　　)最小。

    A. 自由时差　　　B. 总时差　　　　C. 持续时间　　　　D. 时间间隔

(8)当工程网络计划的计算工期小于计划工期时,关键线路上(　　)为零。

    A. 工作的总时差　　　　　　　　　　B. 工作的持续时间

    C. 相邻工作时间的时间间隔　　　　　D. 工作的自由时差

(9)某工程单代号网络计划如图4-40所示,其关键路线有(　　)条。

    A. 2　　　　　　　　B. 3　　　　　　　　C. 4　　　　　　　　D. 5

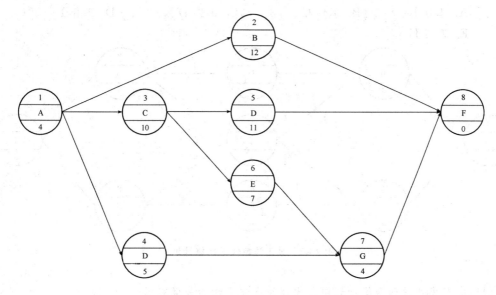

图4-40　某工程单代号网络计划

(10)当工程网络计划的计算工期不等于计划工期时,下列正确的结论是(　　)。

    A. 关键节点最早时间等于最迟时间　　B. 关键工作的自有时差为零

    C. 关键路线上相邻工作的时间间隔为零　D. 关键工作最早开始时间等于最迟开始时间

(11)已知某工程双代号网络计划的计划工期等于计算工期,且工作 M 的开始节点和完

    成节点均为关键节点,则该工作(　　)。

    A. 为关键工作　　　　　　　　　　　B. 总时差等于自由时差

    C. 自由时差为零　　　　　　　　　　D. 总时差大于自由时差

(12)在某工程单代号网络计划中,下列说法不正确的是(　　)。

    A. 关键路线至少有一条　　　　　　　B. 在计划实施过程中,关键线路始终不会改变

    C. 关键工作的机动时间最小　　　　　D. 相邻关键工作之间的时间间隔为零

(13)某分部工程施工进度计划如图4-41所示,其作图的错误包括(　　)。

    A. 存在多余虚工作　　　　　　　　　B. 节点编号有误

    C. 存在多个起点节点　　　　　　　　D. 存在多个终点节点

    E. 存在循环回路

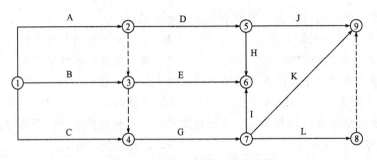

图 4-41　某分部工程施工进度计划

(14)某工程单代号网络计划如图 4-42 所示，关键工作有(　　)。

　　A. 工作 B　　　　B. 工作 C　　　　C. 工作 D　　　　D. 工作 F

　　E. 工作 H

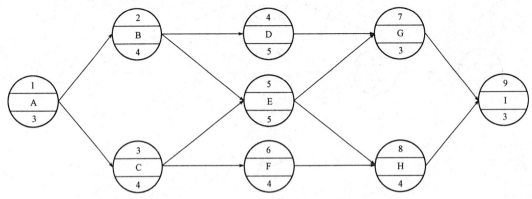

图 4-42　某工程单代号网络计划

(15)在双代号时标网络计划中，虚箭线上波形线的长度表示(　　)。

　　A. 工作的总时差　　　　　　　　B. 工作的自由时差

　　C. 工作的持续时间　　　　　　　D. 工作之间的时间间隔

(16)在双代号时标网络计划中，若某工作箭线上没有波形线，则说明该工作(　　)。

　　A. 为关键工作　　　　　　　　　B. 自由时差为零

　　C. 总时差等于自由时差　　　　　D. 自由时差不超过总时差

(17)某工程双代号网络计划中，(　　)的线路不一定就是关键线路。

　　A. 总持续时间最长　　　　　　　B. 相邻工作之间的时间间隔均为零

　　C. 由关键节点组成　　　　　　　D. 时标网络计划中没有波形线

(18)某分部工程双代号时标网络计划如图 4-43 所示，工作 B 的总时差和自由时差

　　(　　)d。

　　A. 均为 0　　　B. 分别为 2 和 0　　C. 均为 2　　　　D. 分别为 4 和 0

(19)单代号网络计划如图 4-44 所示，其计算工期为(　　)。

　　A. 11　　　　　　B. 8　　　　　　C. 10　　　　　　D. 14

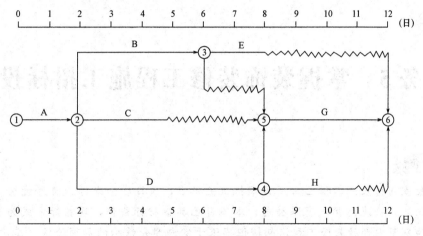

图 4-43　某分部工程双代号时标网络计划

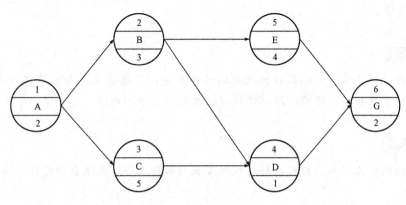

图 4-44　单代号网络计划

(20)单代号网络计划如图 4-45 所示，其关键线路为(　　)。

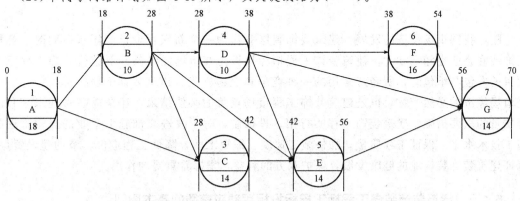

图 4-45　单代号网络计划

A. A→B→D→E→G　　　　　　　　B. A→B→D→F→G

C. A→B→E→G　　　　　　　　　　D. A→B→C→E→G

E. A→B→D→G

任务5 掌握装饰装修工程施工招标投标

任务案例

某别墅室内精装修工程已由项目审批机关批准，项目资金来源为自筹资金500万元，招标人为×××房地产开发有限公司，本项目已具备招标条件，现招标方式为公开招标。招标范围为别墅内部精装修工程，包括但不限于室内部分结构的加固除锈、二次结构、室内精装修、强弱电、空调新风、给排水、采暖、有线电视、燃气移改等。请结合本案例编写一份招标公告。

教学目标

了解建筑装饰装修工程施工招标投标的具体业务；了解建筑装饰装修工程招标投标的步骤和方法；掌握招标投标的程序，编制投标文件的程序和内容。

教学要求

建筑装饰装修工程施工招标投标是承揽工程的必须之路，教师在讲授时，应注重实例。

5.1 装饰装修工程施工招标投标基础知识

随着我国市场经济的发展，建筑装饰装修业作为一个新兴行业已经崛起，同时，各种装饰装修企业也随之壮大。建筑装饰工程招标投标是在市场经济条件下进行装饰工程建设项目的发包与承包时，所经常采用的一种竞争和交易方式。建筑装饰工程招标投标，不仅是市场经济的必然产物，也是建筑装饰工程市场竞争的必然结果，还是提高管理水平和工程质量的重要措施。建筑装饰工程实行招、投标制，对于改进装饰施工企业的经营管理和施工技术水平，保证工程质量，加快施工速度、缩短工期、降低工程造价、节约建设资金，保证建筑装饰装修业的健康发展，保护双方的利益，发挥着重要的作用。

5.1.1 建筑装饰装修工程施工招标投标活动应遵循的基本原则

1. 公开原则

招标投标活动应当遵循公开原则，这是为了保证招标投标活动的广泛性、竞争性和透明性，具体表现在建筑装饰装修工程招标投标的信息公开、程序公开和结果公开。

招标投标相关法律

2. 公平原则

公平原则要求给予所有投标人平等的机会，使其享有同等的权利，履行同等的义务，不得有意排斥、歧视任何一方。因此，应当杜绝一方把自己的意志强加于对方，招标压价或订立合同前无理压价及投标人恶意串通、提高标价损害对方利益等违反公平原则的行为。

中华人民共和国
招标投标法

3. 公正原则

公正是指按照招标文件中规定的统一标准进行评标和决标，不得偏袒任何一方。其具体要求是：在招标投标活动中，评标结果要公正，评标时严格按照事先公布的标准和规则对待所有投标人。

4. 诚实信用原则

招标投标活动中的诚实信用是指招标人或招标代理机构、投标人等均应以诚实、善意、守信的态度参与招标投标活动，不得弄虚作假、欺骗他人，牟取不正当利益，不得损害对方、第三方或社会的利益，应严格按照法律规定及当事人之间的约定行使自己的权利并履行自己的义务。

5. 坚持设计与施工相结合的原则

装饰装修工程招标不同于简单的设计招标，也不同于通常意义上的施工招标，其是在装饰装修工程招标中，将设计与施工结合起来。在设计时，不但要考虑方案的可行性、风格的匹配度、材料的适用性、施工的便捷性、造价的合理性，还应该考察投标企业的施工能力、技术能力，从而使投标方做出的报价相对来说比较准确，真实地反映装饰装修产品的价值。

【例 5-1】 某房地产公司拟开发一幢商品楼，通过电台发布招标公告。在众多投标单位中，甲公司报价为 500 万元（接近成本价），甲公司认为肯定中标。开标后发现，乙公司报价为 450 万元。虽然甲、乙两家报价均低于招标控制价（标底），但由于乙报价最低，遂中标，且签订了总价不变合同。竣工后，实际结算为 510 万元。事后，该房地产公司一管理人员透露，在招标前，他们已经和乙公司多次接触，报价等许多实质条件已谈妥。甲公司认为这种做法违反法规，于是向法院提起诉讼。要求房地产公司赔偿其在投标过程中的损失。

问题：甲公司的诉求能否得到支持？为什么？

解：能。因为按照法律规定，总价不变合同意味着价格不因工程量的变化、设备和材料价格的变化而改变。当事人自行变更价格，实际上剥夺了其他投标人公平竞争的权利，也纵容招标人与投标人串通，因此，这种行为违反了公平、公正、公开的原则，构成对其他投标人权益的侵害，所以甲公司的主张会得到支持。

5.1.2 建设工程招标投标的项目范围

《中华人民共和国招标投标法》（以下简称《招标投标法》）第三条规定，在中华人民共和国境内进行下列工程建设项目包括项目的勘察、设计、施工、监理以及与工程建设有关的重要设备、材料等的采购，必须进行招标：

（1）大型基础设施、公用事业等关系社会公共利益、公众安全的项目；

（2）全部或者部分使用国有资金投资或者国家融资的项目；

（3）使用国际组织或者外国政府贷款、援助资金的项目。

必须招标的工程
项目规定

本部分内容均为法规性内容，看起来学生容易理解，但做题时容易出错，这是因为理解的不透彻，教师在讲授时应注意这一点。

✏️ **实训训练**

实训目的：熟悉《招标投标法》的强制性规定。

实训题目：

(1)在招标活动的基本原则中，依法必须进行招标的项目的招标公告，必须通过国家制定的报刊、信息网络或者其他公共媒介发布，体现了(　　)原则。

A. 公开　　　　　　B. 公平　　　　　　C. 公正　　　　　　D. 诚实信用

(2)在招标活动的基本原则中，招标人不得以任何方式限制或者排斥本地区、本系统以外的法人或者其他组织参加投标，体现了(　　)原则。

A. 公开　　　　　　B. 公平　　　　　　C. 公正　　　　　　D. 诚实信用

(3)在招标活动的基本原则中，与投标人有利害关系的人员不得作为评标委员会的成员，体现了(　　)原则。

A. 公开　　　　　　B. 公平　　　　　　C. 公正　　　　　　D. 诚实信用

5.2　建筑装饰装修工程施工招标

建筑装饰装修工程施工招标，是指招标人(又称发包方)根据装饰工程项目的规模、条件和要求编制招标文件，通过发布招标公告或邀请承包商来参加该工程的招标竞争，从中择优选择能够保证工程质量、工期及报价合适的承包商的活动。

5.2.1　招标人

《招标投标法》第八条规定："招标人是依照本法规定提出招标项目、进行招标的法人或其他组织。"依照此规定，招标人应当是法人或其他组织，自然人不能成为招标人。

5.2.2　招标方式

为了规范招标投标活动，保护国家利益和招标投标活动当事人的合法权益，《招标投标法》规定，招标方式可分为公开招标和邀请招标两大类。

1. 公开招标

公开招标也称无限竞争性招标，招标人在公共媒体上发布招标公告、招标项目和要求，符合条件的一切法人或者组织都可以参与投标竞争，都有同等竞争的机会。

公开招标的优点是招标人有较大的选择范围，可在众多的投标人中选择报价合理、工期较短、技术可靠、资信良好的中标人。但是公开招标的资格审查和评标工作量比较大，耗时长，费用高。国务院发展计划部门确定的国家重点建设项目和各省、自治区、直辖市人民政府确定的地方重点建设项目，以及全部使用国有资金投资或国有资金投资占控股或主导地位的工程建设项目，均应当公开招标。

如果采用公开招标方式，招标人就不得以不合理的条件限制或排斥潜在投标人，如不得限制本地区以外或本系统以外的法人或组织参加投标等。

2. 邀请招标

邀请招标是指由招标人或委托的招标代理机构根据自己掌握的情况，向预先选择的若干家具有相应资质、符合招标条件的法人或其他组织发出投标邀请函，邀请其参加开发项目建设投标的一种发包方式。《招标投标法》第十七条规定："招标人采用邀请招标方式的，应当向三个以上具备承担招标项目的能力、资信良好的特定的法人或者其他组织发出投标邀请书"。

根据《工程建设项目施工招标投标办法》第十一条规定，有下列情形之一的，经批准可以进行邀请招标：

(1)项目技术复杂或有特殊要求，只有少量潜在投标人可供选择。

(2)受自然地域环境限制。

(3)涉及国家安全、国家秘密或者抢险救灾，适宜招标但不适宜公开招标。

(4)采用公开招标的费用占项目合同金额的比例过大。

(5)法律、法规规定不宜公开招标的。

2017年7月，财政部经修改后发布的《政府采购货物和服务招标投标管理办法》规定，货物服务招标分为公开招标和邀请招标。公开招标是指采购人依法以招标公告的方式邀请非特定的供应商参加投标的采购方式。邀请招标是指采购人依法从符合相应资格条件的供应商中随机抽取3家以上供应商，并以投标邀请书的方式邀请其参加投标的采购方式。

5.2.3 自行招标和委托招标

《招标投标法》第十二条规定，招标人具有编制招标文件和组织评标能力的，可以自行办理招标事宜。任何单位和个人不得强制其委托招标代理机构办理招标事宜。依法必须进行招标的项目，招标人自行办理招标事宜的，可以向有关行政监督部门备案。

《中华人民共和国招标投标法实施条例》(以下简称《招标投标法实施条例》)进一步规定，招标人具有编制招标文件和组织评标能力，是指招标人具有招标项目规模和复杂程度相适应的技术、经济等方面的专业人员。

招标代理机构是依法设立、从事招标代理业务并提供相关服务的社会中介组织。招标人有权自行选择招标代理机构，委托其办理招标事宜。招标代理机构应当具备下列条件：

招标投标法
实施条例修订背景

(1)有从事招标代理业务的营业场所和相应资金。

(2)有能够编制招标文件和组织评标的相应专业力量。

招标代理机构在招标人委托的范围内开展招标代理业务，任何单位和个人不得非法干涉。招标代理机构不得在所代理的招标项目中投标或者代理投标，也不得为所代理的招标项目的投标人提供咨询。

5.2.4 招标程序

建筑装饰工程招标的基本程序主要包括履行项目审批手续、委托招标代理机构、编制招标文件及标底、发布招标公告或投标邀请书、资格审核、开标、评标、中标和签订合同。

1. 组建招标工作机构

招标工作机构通常由建设方负责或授权的代表和建筑师、室内设计师、预算经济师、水电、通信、设备工程师、装饰工程师等专业技术人员组成。招标工作机构的组成形式主要有三种：一是由建设方的基本建设主管部门抽调或聘请各专业人员负责招标、投标的全部工作；二是由政府主管部门设立的招标、投标办公机构，统一办理招标、投标工作；三是有资格的建筑咨询机构受建设方的委托，负责招标的技术性和事务性工作，但决策权还在建设方。

2. 履行项目审批手续

招标项目按照国家有关规定需要履行项目审批手续的，应当先履行审批手续，取得批准。招标人应当有进行招标项目的相应资金或资金来源已经落实，并应在招标文件中如实载明。需要履行项目审批、核准手续的依法必须进行招标的项目，其招标范围、招标方式、招标组织形式应当报项目审批、核准部门审批、核准。项目审批、核准部门应当及时将审批、核准确定的招标范围、招标方式、招标组织形式通报有关行政监督部门。

3. 编制招标文件

招标人应当根据招标项目的特点和需要编制招标文件。招标文件应当包括招标项目的技术要求、对投标人资格审查的标准、投标报价要求和评标标准等所有实质性要求和条件，以及拟签订合同的主要条款。招标文件不得要求或标明特定的生产供应者及含有倾向或排斥潜在投标人的其他内容。

4. 编制工程招标控制价(标底)

标底是招标工程的预期价格，标底的编制是工程招标中重要的环节之一，是评标、定标的重要依据。标底文件主要包括以下几方面：

（1）标底综合编制说明。

（2）标底价格审定书、标底价格计算书、带有价格的工程量清单等。

（3）主材用量。

（4）标底附件(如各种材料及设备的价格来源、编制标底所依据的施工组织设计等)。

5. 发布招标公告或投标邀请函

招标人采用公开招标方式的，应当发布招标公告。招标公告应当载明招标人的名称和地址、招标项目的性质、数量、实施地点和时间，以及获取招标文件的办法等事项。对于邀请招标的项目，应向投标人发出投标邀请书。其作用是让潜在投标人获得招标信息，确定自己是否参加竞争。

【招标公告示例】

招　标　公　告

招标编号：NM2017－0001

一、招标条件

本招标项目为××银行装修工程项目，已由××银监局批复(2017)01号文件批准，招标人为××实业银行，招标代理机构为××招标代理有限公司，建设资金来源为自筹。该项目已具备招标条件，现进行公开招标。凡符合报名资格要求的潜在投标人均可报名参加。

二、项目概况与招标范围

1. 项目名称：××银行装修工程

2. 招标内容：××银行装修工程施工

3. 建设地点：××经济技术开发区××路

4. 投资额：约200万元

5. 工期：合同签订后50日历天

6. 工程质量：符合国家建筑装饰装修工程质量验收标准

7. 本项目不接受联合体投标

三、投标人资格要求

1. 企业具有中华人民共和国独立法人资格，近三年无违法违规行为，没有处于被责令停业或破产状态，且资产未被重组、接管和冻结。

2. 投标人须具有国内注册独立法人资格，并具有建筑装饰装修工程专业承包二级及二级以上资质的企业。

3. 企业在人员、设备、资金等方面具有相应的施工能力。

4. 企业所在地检察机关或项目所在地检察机关出具的有效期内的行贿犯罪档案查询结果告知函。

5. 外进企业投标需提供内蒙古自治区建设主管部门备案证明材料或网上可以查询。

四、投标报名

1. 报名时间：2017年9月4日至2017年9月10日（法定节假日休息），每日9：00至11：30，15：00至17：30（北京时间，下同），逾期不予受理。

2. 报名地点：××市××区××街×号

3. 报名资料：

施工单位：

报名须提供法定代表人授权委托书原件、关于自觉遵守与维护内蒙古自治区建筑市场秩序的承诺的原件，同时提供下列证件的原件及两套复印件（A4纸），复印件须加盖公章并装订成册，资料提供不全者或未装订成册将拒绝接收。迟到的报名申请书将被拒绝，以提供资料送达招标代理机构的时间为准。

(1) 法定代表人授权委托书及被授权人身份证，被授权人必须为本项目拟派项目负责人（须项目经理及法人本人到场）；

(2) 企业法人营业执照副本；

(3) 企业资质证书副本；

(4) 企业税务登记证副本；

(5) 组织机构代码证副本；

(6) 有效的安全生产许可证副本（如有）。

关于自觉遵守与维护××地区建筑市场秩序的承诺；企业所在地检察机关或项目所在地检察机关出具的有效期内的行贿犯罪档案查询结果告知函原件。

注：1. 报名时须投标单位授权人（法定代表人）及被授权人（拟派项目负责人/总监理工程师）本人携带以上报名资料原件及复印件（两套）前来报名，法定代表人及拟派项目负责

人/总监理工程师本人未能到场报名，不论任何原因，一律不予受理；

2. 如营业执照、组织机构代码证、税务登记证三证合一只需提供营业执照副本原件；

3. 外地企业必须在内蒙古自治区备案，网上可以查询。

五、资格审查：本项目采用资格后审方式

六、招标文件的获取

1. 获取时间：2017年9月4日至2017年9月10日（法定节假日休息），每日9：00至11：30，15：00至17：30（北京时间，下同），逾期不予受理。

2. 获取地点：××市××区××街×号

3. 招标文件出售：500元/家

七、投标文件的递交

1. 投标文件递交的截止时间：2017年9月28日上午9：00

2. 投标文件递交的地点：××市××区××街×号

3. 逾期送达的或者未送达指定地点的投标文件，招标人不予受理。

八、公告发布媒介

本次招标公告同时在"中国采购与招标网（http://www.chinabidding.com.cn）、内蒙古建设工程招标投标服务中心（http://www.nmgztb.com）、内蒙古招标投标网（http://www.nmgztb.com.cn）"上发布。

九、联系方式

招标人：××实业银行

地　址：××市××区××街×号

联系人：王军

联系电话：×××××××××××

招标代理机构：××招标代理有限公司

地址：××市××区××街××号

联系人：张三

联系电话：××××××××××××

招标人：××实业银行

招标代理：××招标代理有限公司

日期：2017年8月24日

6. 资格预审

资格预审是招标人对投标人的财务状况、技术能力等方面事先进行的审查。公开招标是对潜在投标人设置资格审查程序，其目的是了解投标人的技术力量、管理经验和财务实力能否满足完成招标工作的要求，以限制不符合条件的投标人盲目参加竞争，减小评标的工作量。为了选择真正有实力的装饰装修企业，缩小范围，减少工作的盲目性，需要根据项目规模、建筑物的重量等级及施工技术要求，限定资质等级标准。在达到工程要求资质的企业中，还要进一步考察投标单位近三年内的设计和施工的工程项目及质量监督部门验收证明报告、用户的使用情况；目前正在履行的合同情况；企业的财务情况、职员构成；

主要机械设备情况等。经过招标代理机构、采购人对装饰装修企业各项指标的专项考核和论证情况，确定招标入围人数。

7. 发放招标文件，组织现场考察

招标文件不仅是招标人向投标单位介绍工程情况和招标条件的书面文件，也是招标人签订工程承包合同的基础。建筑工程的招标文件一般包括以下内容：

（1）投标须知，包括工程概况，招标范围，资格审查条件，工程资金来源或落实情况，工期要求，质量标准，投标文件的编制、提交、修改的要求，投标有效期，开标，评标等；

（2）评标办法；

（3）拟签订合同的主要条款；

（4）采用工程量清单招标的，应当提供工程量清单；招标工程的技术要求和设计要求；

（5）技术标准和要求；

（6）投标文件的格式和附录；

（7）其他要求投标人提交的材料，如投标保证金或其他形式的担保等内容。

招标人根据招标项目的具体情况，可以组织潜在投标人踏勘项目现场。设置此程序主要是为了让投标人了解工程项目的现场情况、施工条件、自然环境条件，以便于确定编制投标书的原则和策略。

【招标文件示例】

招标文件的组成：

第一章：投标人须知（附表格，见表 5-1，一般放在文件的最前面，下面内容是对表格中内容的细化及具体要求，由于篇幅所限，就不再展开）。

表 5-1　投标人须知前附录

条款号	条款名称	编列内容
1.1.2	招标人	名称：××实业银行 地址：××市××区××街×号 联系人：王军 电话：××××××××××××
1.1.3	招标代理机构	名称：××招标代理有限公司 地址：××市××区××街×号 联系人：张三 电话：××××××××××××
1.1.4	项目名称	××银行装修工程
1.1.5	建设地点	××经济技术开发区××路
1.1.6	标段划分	本次招标按一个标段进行招标
1.2.1	资金来源	自筹
1.2.2	资金落实情况	已落实
1.3.1	招标范围	施工图纸内的装饰装修工程，具体以工程量清单为准

条款号	条款名称	编列内容
1.3.2	计划工期	合同签订后 50 日历天。 注：1. 具体开工时间按甲方通知要求； 2. 中标后一年内未开工取消其中标资格，招标人重新组织招标
1.3.3	质量要求	符合国家建筑装饰装修工程质量验收标准
1.4.1	投标人资质条件、能力	资质条件： 1. 企业具有中华人民共和国独立法人资格，近三年无违法违规行为，没有处于被责令停业或破产状态，且资产未被重组、接管和冻结。 2. 投标人须具有国内注册独立法人资格，并具有建筑装饰装修工程专业承包二级及二级以上资质的企业。 3. 企业在人员、设备、资金等方面具有相应的施工能力。 4. 企业所在地检察机关或项目所在地检察机关出具的有效期内的行贿犯罪档案查询结果告知函。 5. 外进企业投标需提供内蒙古自治区建设主管部门备案证明材料或网上可以查询。 财务要求：经财务审计机构审计的财务报告，包括资产负债表、现金流量表、利润表和财务情况说明书等。 业绩要求：2014 年 7 月 31 日至 2017 年 7 月 31 日，有类似项目业绩。 信誉要求：近 3 年无任何不良诉讼及仲裁情况。 其他要求：关于自觉遵守与维护内蒙古自治区建筑市场秩序的承诺
1.4.2	是否接受联合体投标	☑ 不接受 □ 接受，应满足下列要求： 联合体资质按照联合体协议约定的分工认定
1.9.1	踏勘现场	☑ 不组织 □ 组织，踏勘时间： 踏勘集中地点：
1.10.1	投标预备会	☑ 不召开 □ 召开，召开时间： 召开地点：
1.10.2	投标人提出问题的截止时间	投标截止时间前 15 日
1.10.3	招标人书面澄清的时间	投标截止时间前 15 日
1.11	分包	☑ 不允许 □ 允许
1.12	偏离	☑ 不允许 □ 允许
2.2.1	投标人要求澄清招标文件的截止时间	投标截止时间前 15 日
2.2.2	投标截止时间	2017 年 9 月 28 日上午 9：00

条款号	条款名称	编列内容
2.2.3	投标人确认收到招标文件澄清的时间	在收到相应澄清文件后 24 小时内
2.3.2	投标人确认收到招标文件修改的时间	在收到相应修改文件后 24 小时内
3.3.1	投标有效期	90 日历天（从投标截止之日算起）
3.4.1	投标保证金	投标保证金的形式： 国有大型商业银行（中行、农行、工行、建行）开具的银行保函或有国资背景的当地专业担保公司开具的工程保函 。 投标保证金的金额：5 万元整（人民币） 投标保证金递交时间为：9 月 25 日 17：00 前。 递交方式：投标人在投标截止日前须将投标保证金递交至大纲有限责任公司。投标保证金逾期未递交到指定账户，投标文件不予接收。投标保证金按时递交到指定账户，而投标文件未在投标截止时间前送到开标地点的，投标文件将被拒绝。 收款人：××实业银行 开户行：××银行××分行营业部 账　号：××××××××××××
3.5	资格审查方式	本项目采用资格后审
3.5.2	近年财务状况的年份要求	2014—2016 年
3.5.3	近年完成的类似项目的年份要求	2014 年 7 月 31 日至 2017 年 7 月 31 日
3.5.5	近年发生的诉讼及仲裁情况	2014 年 7 月 31 日至 2017 年 7 月 31 日
3.6	是否允许递交备选投标方案	☑ 不允许 □ 允许
3.7.3	签字（和）或盖章要求	由投标人的法定代表人或授权委托代理人签字或盖章并加盖单位公章
3.7.4	投标文件份数	纸质投标文件份数：一式 5 份，其中正本 1 份，副本 4 份； 电子投标文件份数：2 份
3.7.5	装订要求	1. 投标人应将投标文件按规定顺序牢固装订成册，并编制投标文件目录，凡活页装订均被视为不牢固装订。没有牢固装订的投标文件将被拒绝。 2. 牢固装订是指装订好的投标书不至于在翻页时散开或用简单的方式将其中一页取出或插入。各种用活页夹或文件夹、塑料方便式书脊（插入或穿孔式）装订的不认为是牢固装订。 3. 投标文件的封面上必须注明招标项目工程名称、招标编号、正本或副本、投标单位名称、日期。 4. 参与本项目的各投标单位需将各标段投标文件分别编制、装订
4.1.1	密封要求	投标文件的正本和副本分别包封或正本和副本同时包封在一起，投标文件电子版单独放入一个密封袋中，密封袋上应清楚地标记"正本"或"副本"及"投标文件电子版"字样；封套的封口处加盖投标人单位公章或密封章

条款号	条 款 名 称	编 列 内 容
4.1.2	封套上应载明的信息	招标人：＿＿＿＿＿＿＿＿＿＿＿＿ 招标代理机构：＿＿＿＿＿＿＿＿＿＿ 项目名称：＿＿＿＿＿＿＿＿＿＿＿ 招标编号：＿＿＿＿＿＿＿＿＿＿＿ 投标人的名称、地址、传真、电话，并写明开标前不得启封 在 2017 年 9 月 28 日上午 9：00 前不得开启
4.2.2	递交投标文件地点	××市××区××街×号
4.2.3	是否退还投标文件	☑ 否 □ 是
5.1	开标时间和地点	开标时间：2017 年 9 月 28 日上午 9：00 开标地点：××服务中心六楼开标室
5.2	开标程序	(1) 密封情况检查：是否密封 (2) 开标顺序：递交投标文件时间的顺序
6.1.1	评标委员会的组建	评标委员会构成：7 人 评标专家确定方式：由招标人代表和评标专家库随机抽取的经济、技术专家组成
7.1	是否授权评标委员会确定中标人	□ 是 ☑ 否，推荐的中标候选人数：推荐前 3 名
7.2	中标候选人公示媒介	"中国采购与招标网""内蒙古建设工程招标投标服务中心网""内蒙古招标投标网"
7.4.1	履约担保	合同中约定

10. 需要补充的其他内容

10.1 词语定义

10.1.1	类似项目	类似项目是指：银行装修工程
10.1.2	不良行为记录	不良行为记录是指违反法律、法规、规章所规定的质量责任和义务的行为，以及工程实体质量不符合工程建设强制性技术标准的情况记录

10.2 招标控制价

10.2	招标控制价	□ 不设招标控制价 ☑ 设招标控制价 招标控制价为：200 万元 （暂列金：10 万元）

10.3 投标人代表出席开标会

按照本须知第 5.1 款的规定，招标人邀请所有投标人的法定代表人或其委托代理人参加开标会。投标人的法定代表人或其委托代理人应当准时参加开标会，开标时向行政监督部门、招标人提交法定代表人身份证明文件或法定代表人授权委托书，出示本人身份证，如果拟派项目经理本人未到场及证件不齐全，其投标文件按无效标处理

10.4 中标公示

在中标通知书发出前，招标人将中标候选人的情况在本招标项目招标公告发布的同一媒介予以公示，公示期不少于 3 个日历日

条款号	条款名称	编列内容
10.5	知识产权	
		构成本招标文件各个组成部分的文件,未经招标人书面同意,投标人不得擅自复印和用于非本招标项目所需的其他目的。招标人全部或者部分使用未中标人投标文件中的技术成果或技术方案时,需征得其书面同意,并不得擅自复印或提供给第三人
10.6	重新招标的其他情形	
		除投标人须知正文第8条规定的情形外,除非已经产生中标候选人,在投标有效期内同意延长投标有效期的投标人少于三家的,招标人应当依法重新招标
10.7	监督	
		本项目的招标投标活动及其相关当事人应当接受有管辖权的建设工程招标投标行政监督部门依法实施的监督
10.8	招标人补充的其他内容	
		1. 招标代理服务费执行按照发改价格〔2015〕299号文件、内工建〔2016〕17号文件取费规定计算后发改办价格〔2003〕857号的规定及发改价格〔2011〕534号的规定。招标代理机构与招标人签订书面《招标委托代理合同书》时约定,招标代理服务费由中标人支付。 2. 本次招标采用资格后审,开标时需各投标单位提供招标公告中报名时所要求携带资料的原件,供评标委员会按照招标文件规定的标准和方法对投标人进行资格审查,不提供或不合格的,则投标无效;递交的投标文件中,凡涉及业绩及荣誉证书等商务资信及财务状况方面的内容均需提供原件核验,无原件的评标时不予计分

一、总则

二、招标文件

三、投标文件

四、投标

五、开标

六、评标

七、合同授予

八、纪律和监督

九、需要补充的其他内容

十、电子招标投标

第二章:评标办法(附表格,见表5-2,一般放在文件的最前面,下面内容是对表格中内容的细化及具体要求,由于篇幅所限,就不再展开)。

表 5-2 评标办法前附表

条款号	评审因素	评审标准
2.1.1 形式评审标准	投标人名称	与营业执照、资质证书一致
	投标函签字盖章	有法定代表人或其委托代理人签字(或盖章)并加盖单位公章
	投标文件格式	符合第六章"投标文件格式"的要求
	报价唯一	只能有一个有效报价

条款号		评审因素	评审标准
2.1.2	资格评审准	营业执照	具备有效的营业执照正本或副本
		资质等级	具有住房城乡建设主管部门核发的施工总承包壹级资质
		组织机构代码证	具有有效的组织机构代码证副本（三证合一除外）
		税务登记证	具有有效的税务登记证正本或副本（三证合一除外）
		项目经理	具有本企业注册的园林工程专业中级及以上工程师证书
		关于自觉遵守与维护××市建筑市场秩序的承诺	符合第一章"投标人须知"规定
2.1.3	响应性评审标准	投标报价	符合第一章"投标人须知"规定
		投标内容	符合第一章"投标人须知"规定
		工期	符合第一章"投标人须知"规定
		工程质量	符合第一章"投标人须知"规定
		投标有效期	符合第一章"投标人须知"规定
		投标保证金	符合第一章"投标人须知"规定
		权利、义务	符合第三章"合同条款及格式"规定
		已标价工程量清单	符合第四章"工程量清单"给出的范围及数量
		技术标准和要求	符合第五章"技术标准和要求"规定

条款号	条款内容	编列内容
2.2.1	分值构成 （总分100分）	投 标 报 价：60分 施工组织设计：30分 项目管理机构：3分 其他评分因素：7分
2.2.2	评标基准价 计算方法	1. 本次招标不设标底，设招标控制价。 招标控制价为：200万元 （暂列金：10万元） 2. 评标入围范围：有效投标文件均入围。 3. 评标基准价的确定：有效投标报价的算术平均值为评标基准价。 4. 评标基准价和投标单位所报报价均以人民币（元）为单位
2.2.3	投标报价的 偏差率计算公式	偏差率＝100%×（投标人报价－评标基准价）/评标基准价

条款号	评分因素	评分标准
2.2.4（1） 投标报价评分标准（60分）	评分标准	投标报价比评标基准价每增加1%，扣1分；每减少1%，扣1分，最多扣10分（在计算百分比时精确到小数点后两位）

条款号	评审因素		评审标准
2.2.4（2）	施工组织设计评分标准（30分）	施工组织设计编制内容	编制内容详尽、全面、合理，最高得3分
		质量目标与控制措施	质量目标明确，针对本项目质量问题及难点制定切实可行的预控措施，要求措施合理、详细，最高得4分
		施工进度计划与控制措施	施工进度计划和预控措施合理、可行，最高得4分
		安全生产目标与控制措施	安全生产目标明确，针对本项目提出切实可行的安全控制措施，要求措施合理、详细、可操作性强，最高得4分
		施工技术措施	主要施工技术方法及采取的措施科学合理，最高得4分
		绿色施工技术措施	节能、防治污染控制措施合理、可行，最高得3分
		绿化养护措施	措施合理、可行，最高得3分
		资源配置	劳动力及施工机械配置科学合理，最高得3分
		施工现场平面布置图	施工现场平面布置图合理，符合安全生产、文明施工要求，最高得2分
2.2.4（3）	项目管理机构配备评分标准（3分）	项目部管理人员	拟派项目管理班子配备市政施工员2名、专职安全员2名、市政质检员1名、材料员1名、资料员1名，配备齐全者且提供岗位证书者得3分，不全不得分
2.2.4（4）	其他评分因素（7分）	企业社会信誉类似业绩	投标企业近三年（2014年7月31日至2017年7月31日）完成过的类似业绩，每一项得1.5分，本项最多得3分（无原件不得分）
		财务状况	2014、2015、2016年度企业财务经审计部门审计均营利的，得2分（无原件或不齐全不得分）
		企业资信	投标企业获得质量管理体系认证证书、环境管理体系认证证书、职业健康安全管理体系认证证书（均在有效期内）三项齐全者得2分（无原件或不齐全不得分）

注：1. 类似工程是指200万元以上银行装修工程。

2. 业绩证明原件指合同（协议书）或中标通知书。

3. 均需提供原件方可得分。

一、评标方法

二、评审标准

三、评标程序

第三章：合同条款及格式

一、通用合同条款

二、专用合同条款

三、合同附件格式

第四章：工程量清单

一、工程量清单说明

二、投标报价说明

三、其他说明

四、工程量清单

第五章：技术标准和要求

第六章：投标文件格式

一、投标函及投标函附录

二、法定代表人身份证明

三、授权委托书

四、投标保证金

五、已标价工程量清单

六、施工组织设计

七、资格审查资料

5.2.5 招标信息的发布与修正

1. 招标信息的发布

根据国家发展改革委 2017 年颁布的第 10 号令《招标公告和公示信息发布管理办法》，依法必须招标项目的招标公告和公示信息应当在"中国招投标公共服务平台"或者项目所在地省级电子招标公共服务平台发布。

依法必须招标项目的招标公告和公示信息除在发布媒介发布外，招标人或其招标代理机构也可以同步在其他媒介公开，并确保内容一致。其他媒介可以依法全文转载依法必须招标项目的招标公告和公示信息，但不得改变其内容，同时必须注明信息来源。

招标人应当按招标公告或投标邀请书规定的时间、地点出售招标文件或资格预审文件，自招标文件或资格预审文件出售之日起至停止出售之日止，最短不得少于 5 日。

投标人必须自费购买相关招标或资格预审文件。招标人发售资格预审文件、招标文件收取的费用应当限于补偿印刷、邮寄的成本支出，不得以营利为目的。招标人在发布招标公告、发出投标邀请书后或者售出招标文件或资格预审文件后不得擅自终止招标。

2. 招标信息的修正

招标人在招标文件已经发布之后，发现有问题需要进一步澄清或修改的，必须依据以下原则进行：

（1）时限：招标人对已发出的招标文件进行必要的澄清或修改，应当在招标文件要求提交投标文件截止时间至少 15 日前发出。

（2）形式：所有澄清文件必须以书面形式进行。

（3）全面：所有澄清文件必须直接通知所有招标文件收受人。

由于修正和澄清文件是对原招标文件的进一步补充和说明，因此澄清或修改的内容应为招标文件的有效组成部分。

小　结

本部分主要讲授建筑装饰招标文件的组成、招标方式、招标程序等。招标方式、程序属于国家强制性要求，学习这一节时应多做练习。

实训目的：掌握建筑装饰招标的文件组成、编制方法、招标程序等。

实训题目：

(1) 与邀请招标相比，公开招标最大的优点是（   ）。

    A. 节省招标费用

    B. 招标时间短

    C. 减小合同履行过程中承包商不违约的风险

    D. 竞争激烈

(2) 对一个邀请招标的工程，参加招标的单位不得少于（   ）。

    A. 2 家   B. 3 家   C. 5 家   D. 没有限制

(3) 公开招标与邀请招标在招标程序上的主要差异表现为（   ）。

    A. 是否进行资格预审   B. 是否组织现场考察

    C. 是否解答投标单位的质疑   D. 是否公开开标

(4) 有资格代理招标的机构应具备的条件包括（   ）。

    A. 必须是法人组织   B. 不得与行政机关有隶属关系

    C. 有从事招标代理业务的场所   D. 有编制招标文件的能力

    E. 有自己的评标专家库

(5) 关于招标代理的叙述中，下列错误的是（   ）。

    A. 招标人有权自行选择招标代理机构，委托其办理招标事宜

    B. 招标人具有编制招标文件和组织评标能力的，可以自行办理招标事宜

    C. 任何单位和个人不得以任何方式为招标人指定招标代理机构

    D. 住房城乡建设主管部门可以为招标人指定招标代理机构

(6) 从事工程建设项目招标代理业务的招标代理机构，其资格由（   ）认定。

    A. 县级以上人民政府的住房城乡建设主管部门

    B. 市级以上人民政府的住房城乡建设主管部门

    C. 省级以上人民政府的住房城乡建设主管部门

    D. 国务院或者省、自治区、直辖市人民政府的住房城乡建设主管部门

(7) 招标代理机构与行政机关和其他国家机关不得存在（   ）。

    A. 管辖关系   B. 隶属关系或其他利益关系

    C. 监督关系   D. 服务关系

(8) 某中型化工厂施工图设计完成后进行设备安装招标，此时宜采用（   ）方式选择承包商。

    A. 公开招标   B. 邀请招标

    C. 直接委托   D. 议标

(9) 选择招标方式时主要考虑因素包括（   ）。

    A. 工程项目的特点   B. 图纸和技术资料的准备情况

    C. 招标单位的管理能力   D. 业主与某一施工单位的关系

    E. 施工的专业技术特点

(10) 施工招标划分合同工作范围时，应考虑的影响因素包括（   ）。

A. 有利于本地区的承包商　　　　　B. 有利于本系统的承包商

C. 施工内容的专业要求　　　　　　D. 避免施工现场的交叉干扰

E. 对项目建设总投资的影响

(11) 下列排序符合《招标投标法》和《工程建设项目施工招标投标办法》规定的招标程序的是（   ）。

①发布招标公告　　　　　　　　　②资质审查

③接受投标书　　　　　　　　　　④开标、评标

A. ①②③④　　　　　　　　　　　B. ②①③④

C. ①③④②　　　　　　　　　　　D. ①③②④

(12) 招标单位组织勘查现场时，对某投标者提出的问题，应（   ）。

A. 以书面形式向提出人作答复　　　B. 以口头形式向提出人作答复

C. 以书面形式向全部投标人作答复　D. 可不向其他投标者作答复

(13) 一个施工招标工程，应编制（   ）招标控制价（标底）。

A. 1 个　　　　　B. 2 个　　　　　C. 最多 3 个　　　　D. 可多个

(14) 按《工程建设项目施工招标投标办法》规定，不得对（   ）进行招标。

A. 项目的全部工程　　　　　　　　B. 单位工程的分部分项工程

C. 单位工程　　　　　　　　　　　D. 特殊专业工程

(15) 工程建设施工招标文件中列入的招标须知，是指导投标单位正式履行投标手续的文件，其目的在于避免（   ），使投标取得圆满成功。

A. 经常向甲方提出疑问　　　　　　B. 造成废标

C. 泄漏标底　　　　　　　　　　　D. 投标单位中标后不与甲方签订合同

(16) 属于招标文件主要内容的是（   ）。

A. 设计文件　　　　　　　　　　　B. 工程量清单

C. 投标书的编制要求　　　　　　　D. 选用的主要施工机械

E. 施工方案

(17) 住房城乡建设主管部门发现（   ）情况时，可视为招标人违反《招标投标法》的规定。

A. 没有编制招标控制价（标底）

B. 在资格审查条件中设置不允许外地区承包商参与投标的规定

C. 在评标方法中设置对外系统投标人压低分数的规定

D. 强制投标人必须结成联合体投标

E. 没有委托代理机构招标

(18) 构成对投标单位有约束力的招标文件，其组成内容包括（   ）。

A. 招标广告　　　　　　　　　　　B. 工程量清单

C. 技术规范　　　　　　　　　　　D. 合同条件

E. 图纸和技术资料

(19) 施工招标文件的内容一般不包括（   ）。

A. 投标须知　　　　　　　　　　　B. 工程量清单

C. 资格预审条件　　　　　　　　　D. 合同条件

（20）住房城乡建设主管部门派出监督招标投标活动的人员可以（　　　　）。

    A. 参加开标会　　　　　　　　　B. 作为评标委员

    C. 决定中标人　　　　　　　　　D. 参加定标投票

（21）招标人串通招标，抬高标价或者压低标价的行为是（　　　　）。

    A. 市场行为　　　　　　　　　　B. 企业行为

    C. 正当竞争行为　　　　　　　　D. 不正当竞争行为

5.3　建筑装饰装修工程施工投标

建筑装饰装修工程投标是装饰施工企业在激烈的竞争中，凭借本企业的实力和优势、经验和信誉，以及投标水平和技巧获得工程项目承包任务的过程。

建筑装饰装修工程投标是指投标人（又称"承包商"）获得招标信息后，根据招标文件所提出的各项条件和要求，结合本企业的承包能力、工程质量、工程价格编制投标文件，并通过投标竞争而获得承包该装饰工程的活动。

5.3.1　投标人及联合体投标

1. 投标人

《招标投标法》第二十五条规定，投标人是响应招标、参加投标竞争的法人或其他组织。响应投标是指获得招标信息或收到投标邀请书后购买招标文件，接受资格审查，编制投标文件等按招标人要求所进行的活动。《招标投标法》规定，除依法允许个人参加投标的科研项目外，其他项目的投标人必须是法人或其他经济组织，自然人不能成为装饰工程的投标人。

2. 联合体投标

对于一些大型或结构复杂的装饰工程项目，法律允许几个投标人组成一个联合体，以一个投标人的身份共同投标。根据《招标投标法》规定，联合体投标是指两个以上法人或者其他组织可以组成一个联合体，以一个投标人的身份共同投标。联合体各方均应当具备承担招标项目的相应能力，国家有关规定或者招标文件对投标人资格条件有规定的，联合体各方均应当具备规定的相应资格条件。由同一专业的单位组成的联合体，按照资质等级较低的单位确定资质等级。

联合体各方应签订共同投标协议，明确约定各方在拟承包的工程中所承担的义务和责任，并将共同投标协议连同投标文件一并提交招标人。联合体中标的，联合体各方应当共同与招标人签订合同，就中标项目向招标人承担连带责任。招标人不得强制投标人组成联合体共同投标，不得限制投标人之间的竞争。

《招标投标法实施条例》规定，招标人应当在资格预审公告、招标公告或者投标邀请书中载明是否接受联合体投标。招标人接受联合体并进行资格预审的，联合体应当在提交资格预审申请文件前组成。资格预审后联合体增减、更换成员的，其投标无效。联合体各方在同一招标项目中以自己名义单独投标或者参加其他联合体投标的，相关投标均无效。

下面给出两个联合体投标协议书格式：

联合体投标协议书（1）

甲方：＿＿＿＿＿＿＿＿＿＿＿＿＿

乙方：＿＿＿＿＿＿＿＿＿＿＿＿＿

为共同参加＿＿＿＿＿＿＿＿＿＿＿＿＿＿项目的投标，甲乙双方经友好协商，达成以下协议：

一、双方关系

甲、乙双方组成一个联合体，以一个联合体的身份共同参加本项目的投标。甲方作为主办单位，乙方作为联合体成员单位，双方愿对投标结果承担相应的责任和义务，并自觉履行标书规定。

二、双方责权

1. 甲方负责＿＿＿＿＿＿＿＿＿＿＿＿施工，并确保相关项目达到国家标准规范，工程质量达到合格（一次性通过验收）。

2. 乙方负责＿＿＿＿＿＿＿＿＿＿＿＿施工，并确保相关项目达到国家标准规范，工程质量达到合格（一次性通过验收）。

3. 若本项目中标，甲、乙双方共同与招标人签订承包合同，签署的合同协议书对联合体各方均具法律约束力。

4. 双方参与施工，乙方必须服从甲方现场项目经理的现场管理。

5. 甲方作为联合体双方的代表，承担责任和接受指令，并负责整个合同的全面履行和接受本工程款的支付；甲方接受到属乙方的工程款，应当在工程款到达甲方的账户当天拨付给乙方。

6. 甲、乙双方在项目合作中必须密切配合、尽职尽责，双方优质、高效地完成各自施工的项目，承担各自施工项目的一切责任。

7. 本协议一经签订，双方必须全面履行，任何一方不得擅自变更或解除协议条款，本协议未尽事宜，由双方另行商定补充协议。

三、协议份数

本协议一式八份，甲、乙双方各执一份，六份用于投标报名、资审文件和投标文件。

甲方：＿＿＿＿＿＿＿＿＿＿＿＿＿　　　　乙方：＿＿＿＿＿＿＿＿＿＿＿＿＿

法定代表人：＿＿＿＿＿＿＿＿＿＿＿　　　　法定代表人：＿＿＿＿＿＿＿＿＿＿＿

签约日期：＿＿＿年＿＿＿月＿＿＿日

签约地点：＿＿＿＿＿＿＿＿＿＿＿

联合体投标协议书（2）

立约方：＿＿＿＿＿＿＿＿＿＿＿＿（下简称甲方）

＿＿＿＿＿＿＿＿＿＿＿＿（下简称乙方）

甲、乙双方自愿组成联合体，以一个投标人的身份共同参加＿＿＿＿＿＿＿＿项目的投标。双方在平等互利的基础上，就工程的投标和合同实施阶段的有关事务协商一致，订立如下协议，共同遵守执行：

1. _____方作为联合体的牵头单位指定_____为牵头人，授权其代表联合体双方负责投标和合同实施阶段的主办、协调工作。（附双方法定代表人签署的《授权书》）

2. 双方均有义务提供足够的资料，以满足招标人对投标资格的要求。

3. 参加本项目的投标时，投标保证金由_____负责提交。

4. 联合体的投标文件、招标人的招标文件、联合体与招标人签订的合同均对双方具有约束力。

5. 如果本联合体中标，甲方将享有和承担完成本工程中的_____的施工工作的权利和义务，并获得由此而得到的收益和承担相关的责任；乙方将享有和承担完成本工程中的_____的施工工作的权利和义务，并获得由此而得到的收益和承担相关的责任。

6. 联合体的一方没有履行自己的义务时，应承担另一方由此而造成的直接损失。

7. 因联合体的一方或双方没有履行自己的义务，造成联合体在履行与招标人的合同时违约或联合体与招标人的合同无法继续履行时，直接责任方应承担相关责任。

8. 如果本联合体中标，在与招标人签订承包合同之前，双方应就本项目实施过程的有关问题协商一致后，另行签订补充协议，补充协议与本协议具有同等的约束力。

甲方：（盖章）   乙方：（盖章）

法人代表：（签名）   法人代表：（签名）

                                                    年　月　日

5.3.2　投标行为的要求

1. 保密要求

为了保证投标竞争的公正性，必须对当事人提出保密要求，如招标控制价（标底）、潜在投标人的名称和数量及可能影响公平竞争的其他有关招标情况必须保密；投标文件及其修改、补充的内容必须密封，招标人签收后不得开启，必须以原样保存。

2. 严厉禁止以低于成本的价格竞标

根据《招标投标法》规定，投标人不得以低于成本的报价竞标。这一规定一是为了避免出现投标人以低于成本的报价中标后，再以粗制滥造、偷工减料、以次充好等违法手段不正当的降低成本，挽回其低于成本价的损失，给工程质量造成危害；二是为了维护正常的投标竞争秩序，防止产生投标人以低于其成本的报价进行不正当竞争，损害其他以合理报价进行竞争的投标人的利益。

3. 诚实信用要求

《招标投标法》规定，投标人不得相互串通投标报价，不得排挤其他投标人的公平竞争，损害招标人或者其他投标人的合法权益；投标人不得与招标人串通投标，损害国家利益、社会公共利益或者他人的合法权益；禁止投标人以向招标人或者评标委员会成员行贿的手段谋取中标。凡投标人之间相互约定抬高、压低或约定分别以高、中、低价位报价；投标人之间先进行内部议价，内定中标人后再进行投标及有其他串通投标行为的，皆属投标人串通投标行为。

5.3.3　建筑装饰装修工程施工投标主要工作流程

投标过程主要是指投标人从填写资格预审申报资格预审时开始，到将正式投标文件递交业主为止所进行的全部工作，一般需要完成下列工作。

1. 成立投标机构

机构成员包括经营管理类人才、专业技术人才、财经类人才。

2. 参加资格预审，购买标书

投标企业按照招标公告或投标邀请函的要求向招标企业提交相关资料。资格预审通过后，购买投标书及工程资料。

3. 参加现场踏勘和投标预备会

现场踏勘是指招标人组织投标人对项目实施现场的地质、气候等客观条件和环境进行的调查。

4. 编制施工组织设计

施工组织设计是针对投标工程具体施工中的具体设想和安排，有人员机构、施工机具、安全措施、技术措施、施工方案、节能降耗措施等。

5. 编制施工图预算

根据招标文件规定，翔实、认真地作出施工图预算，仔细核对无误，注意保密，供决策层参考。

6. 投标书成稿

投标机构应将所有投标文件汇总，按照招标文件规定整理成稿，检查遗漏和瑕疵。已经成稿的投标书装订成册，按照商务标和技术标分开装订。为了保守商业秘密，应在商务标密封前由企业高层手工填写决策后的最终投标报价。

7. 递交投标书、保证金，参加开标会

《招标投标法》规定，投标截止时间即是开标时间。为了投标顺利，当今较流行的做法是在投标截止时间前 1~2 个小时递交投标书和投标保证金，然后准时参加开标会议。

5.3.4　建筑装饰装修工程施工投标文件的编制

1. 建筑装饰装修工程施工投标文件的组成

（1）投标函及投标函附录；

（2）法定代表人身份证明或附有法定代表人身份证明的授权委托书；

（3）联合体协议书；

（4）投标保证金；

（5）已标价工程量清单；

（6）施工组织设计；

（7）项目管理机构；

（8）拟分包项目情况表；

（9）资格审查资料；

（10）其他材料。

2. 建筑装饰装修工程施工投标文件的编制

（1）投标文件应按招标文件和《房屋建筑和市政工程标准施工招标文件》2010 年版第八章"投标文件格式"进行编写，如有必要，可以增加附页，作为投标文件的组成部分。其中，投标函附录在满足招标文件实质性要求的基础上，可以提出比招标文件要求更有利于招标人的承诺。

（2）投标文件应当对招标文件有关工期、投标有效期、质量要求、技术标准和要求、招标范围等实质性内容作出响应。

（3）投标文件应用不褪色的材料书写或打印，并由投标人的法定代表人或其委托代理人签字或盖单位章。委托代理人签字的，投标文件应附法定代表人签署的授权委托书。投标文件应尽量避免涂改、行间插字或删除。如果出现上述情况，改动之处应加盖单位公章或由投标人的法定代表人或其授权的代理人签字确认。签字或盖章的具体要求见投标人须知前附表。

（4）投标文件正本份数为 1 份，副本份数见投标人须知前附表。正本和副本的封面上应清楚地标记"正本"或"副本"的字样。当副本和正本不一致时，以正本为准。投标文件的正本与副本应分别装订成册，并编制目录，具体装订要求见投标人须知前附表规定。

5.3.5 投标保证金

《招标投标法实施条例》规定，招标人在招标文件中要求投标人提交投标保证金的，投标保证金不得超过招标项目估算价的 2%。投标保证金有效期应当与投标有效期一致。招标人不得挪用投标保证金。

《国务院办公厅关于清理规范工程建设领域保证金的通知》中规定，对建筑业企业在工程建设中需缴纳的保证金，除依法依规设立的投标保证金、履约保证金、工程质量保证金、农民工工资保证金外，其他保证金一律取消。

《工程建设项目施工招标投标办法》进一步规定，投标保证金不得超过项目估算价的 2%，但最高不得超过 80 万元人民币。

下面根据招标文件要求，给出投标文件内容中几个具体的格式。

投标函

致：_____（招标人名称）

1. 根据已收到的招标编号为 NM2009—JS07 实业银行装修工程的招标文件，我单位经考察现场和研究上述工程招标文件的投标须知、合同条件、技术规范、图纸和其他有关文件后，我方愿以人民币（大写）_____元（￥_____元）的总价或根据上述招标文件核实后确定的另一金额，遵照招标文件的要求承担本工程的施工、竣工备案，交付使用和保修责任。

2. 我方已详细审核全部文件及有关附件，并响应招标文件所有条款。

3. 一旦我方中标，我方保证承包工程按合同的开工日期开工，按合同中规定的竣工日期交付招标人正常使用。

4. 我方同意所递交的投标文件在招标文件规定的投标有效期内有效，此期间内我方的投标书始终对我方具有约束力，并随时接受中标。

5. 除非另外达成协议并生效，贵方的招标文件、中标通知书和本投标文件将构成我们双方之间共同遵守的文件，对双方具有约束力。

6. 我方金额为人民币（大写）___叁万___元（￥_____元）的投标保证金，在领取招标资料时递交。

7. 我方同意一旦发生下列情况，我方的保证金将被没收。

（1）投标人在投标有效期内撤回其投标文件。

（2）投标人在领取中标通知书七日内不与招标人签订合同。

8. 我方以法定代表人郑重保证：我方所提交的投标文件严格遵守诚实信用的原则，并随时接受招标人的核查，如果有不真实的资料被查实，我方承担一切责任。

投标单位：（盖章）

法定代表人：（盖章）

日期：　年　月　日

授权委托书、法定代表人资格证书
授权委托书

本人＿＿＿＿＿（姓名）系＿＿＿＿＿（投标单位名称）的法定代表人，现授权委托＿＿＿＿＿（姓名）为我单位代理人，并以我单位名义参加交通银行内蒙古分行润宇支行装修工程施工的投标活动。代理人在投标、开标、评标、合同谈判过程中所签署的一切文件和处理与之有关的一切事务，我均予以承认，并承担相应的法律责任。

委托期限：＿＿＿＿＿＿＿＿＿＿＿＿＿

＿＿＿＿＿＿＿＿＿＿＿＿＿

代理人无权转让委托，特此委托。

附：法定代表人身份证明

投标单位：（盖章）

法定代表人：＿＿＿＿＿＿＿＿＿＿＿＿（签字或印章）

身份证号码：＿＿＿＿＿＿＿＿＿＿＿＿＿

委托代理人：＿＿＿＿＿＿＿＿＿＿＿＿＿＿（签字）

身份证号码：＿＿＿＿＿＿＿＿＿＿＿＿＿

日期：　年　月　日

法定代表人资格证明

单位名称：＿＿＿＿＿＿＿＿＿＿＿＿＿＿＿＿＿＿＿＿＿＿

地　　址：＿＿＿＿＿＿＿＿＿＿＿＿＿＿＿＿＿＿＿＿＿＿＿

姓　　名：＿＿＿＿＿　性别：＿＿＿＿＿　年龄：＿＿＿＿＿　职称：＿＿＿＿＿

系＿＿＿＿＿＿＿＿＿＿＿的法定代表人。为施工、竣工和保修的工程，签署上述工程的投标文件、进行合同谈判、签署合同和处理与之有关的一切事务。

特此证明。

投标单位：（盖章）
日期：　年　月　日

小　结

投标知识是学生出校门后无论在施工单位还是设计单位都会用到的，所以，一定要掌握国家和地区的强制性规定，同时应熟悉投标技巧。

实训训练

实训目的：掌握建筑装饰装修施工投标文件的编制、要求。

实训题目：

(1) 根据《招标投标法》，两个以上法人或者其他组织组成一个联合体，以一个投标人的身份共同投标是（　　）。

　　A. 联合投标　　　B. 共同投标　　　C. 合作投标　　　D. 协作投标

(2) 当出现招标文件中的某项规定与招标会对投标人质疑问题的书面回答不一致时，应以（　　）为准。

　　A. 招标文件中的规定　　　　　　　B. 现场考察时招标单位的口头解释
　　C. 招标单位在会议上的口头解答　　D. 发给每个投标人的书面质疑解答文件

(3) 下列选项中（　　）不是关于投标的禁止性规定。

　　A. 投标人之间串通投标　　　　　　B. 投标人与招标人之间串通投标
　　C. 招标者向投标者泄露标底　　　　D. 投标人以高于成本的报价竞标

5.4　装饰装修工程项目开标、评标和中标

5.4.1　装饰装修工程项目开标

1. 开标的概念

装饰装修建设工程项目的开标是指招标人依照招标文件规定的时间、地点，开启所有投标人提交的投标文件，公开宣布投标人的名称、投标报价和投标文件中的其他主要内容的行为。投标人少于 3 个的，不得开标；招标人应当重新招标。投标人对开标有异议的，应当在开标现场提出，招标人应当当场作出答复，并制作记录。

开标由招标人或其委托的招标代理机构主持，并邀请所有投标人参加，还可邀请招标主管部门、评标委员会、监察部门的有关人员参加，也可委托公证部门对整个开标过程依法进行公证。

2. 开标的时间和地点

开标时间应当在招标文件确定的提交投标文件截止时间的同一时间公开进行。这样规定可

以使每一个投标人都能提前获知开标的准确时间，确保开标过程的公开、透明，可防止有些投标人利用投标截止后到开标之前的这段时间对已提交的投标文件进行暗箱操作，影响公平竞争。

开标地点应当是招标文件中预先确定的地点，这样可使所有投标人都能事先知道开标的地点，事先做好充分准备。

3. 开标的程序

开标时，由投标人或其推选的代表检查投标文件的密封情况，也可由招标人委托的公证机构检查并公证，检查无误后，由工作人员当众拆封，宣读投标人名称、投标价格和投标文件的其他主要内容。如投标文件没有密封，或有被开启的痕迹，应被认定为投标无效，其内容不予宣读。开标过程应当记录，由主持人和其他工作人员签字确认后，存档备查。开标后，不得允许任何投标人修改标书的内容，也不允许再增加优惠条件，这样规定的目的是要增加开标的透明度，接受监督，以确保招标的公平、公正。

在开标时，如果发现投标文件出现下列情形之一的，应当作为无效投标文件，不再进入评标：

（1）投标文件未按照招标文件的要求予以密封。

（2）投标文件中的投标函未加盖投标人的企业及企业法定代表人印章，或者企业法定代表人委托代理人没有合法、有效的委托书（原件）及委托代理人印章。

（3）投标文件的关键字迹模糊、无法辨认。

（4）投标人未按照招标文件的要求提供投标保证金或者投标保函。

（5）组成联合体投标的，投标文件未附联合体各方共同投标协议的。

5.4.2 装饰装修工程项目评标

装饰装修工程项目的评标是指按照招标文件的规定和要求，对投标人报送的投标文件进行审查和评议，从而找出符合法定条件的最佳投标的过程。评标由招标人组建的评标委员会负责进行。

1. 评标委员会

评标委员会是根据不同的招标项目而设立的临时性机构，为保证评标的公正性和权威性，对于依法必须招标的项目，其评标委员会由招标人的代表和有关的技术、经济、法律等方面的专家组成，成员人数为五人以上的单数，其中技术、经济、法律等方面的专家不得少于成员总数的三分之二。评标委员会设负责人的，其负责人由评标委员会成员推举产生或由招标人确定。评标委员会负责人与评标委员会的其他成员有同等的表决权。

评标的专家由招标人从国务院或省、自治区、直辖市人民政府有关部门提供的专家名册或招标代理机构的专家库内的相关专业的专家名单中确定。评标委员会成员的名单在中标结果确定前应当保密。

2. 评标的标准

评标时，应严格按照招标文件确定的评标标准和方法，对投标文件进行评审和比较。设有标底的，应参考标底。任何未在招标文件中列明的标准和方法，均不得采用。评标的标准有以下两个：

（1）是否能够最大限度地满足招标文件规定的各项综合评价标准；

（2）是否能够满足招标文件的实质性要求，且投标价格最低，但是投标价格低于成本的除外。投标人满足上述标准之一的，才可能成为中标人。

招标项目设有标底的，招标人应当在开标时公布。标底只能作为评标的参考，不得以投标报价是否接近标底作为中标条件，也不得以投标报价超过标底上下浮动范围作为否决投标的条件。有下列情形之一的，评标委员会应当否决其投标：

（1）投标文件未经投标单位盖章和单位负责人签字。

（2）投标联合体没有提交共同投标协议。

（3）投标人不符合国家或招标文件规定的资格条件。

（4）同一投标人提交两个以上不同的投标文件或投标报价，但招标文件要求提交备选投标的除外。

（5）投标报价低于成本或高于招标文件设定的最高投标限价。

（6）投标文件没有对招标文件的实质性要求和条件作出响应。

（7）投标人有串通投保、弄虚作假、行贿等违法行为。

3. 评标程序

大型装饰装修工程项目的评标一般可分为初步评审和详细评审两个阶段进行。

（1）初步评审。评标委员会应当依据招标文件规定的评标标准和方法，对投标文件进行系统的评审和比较，主要审查各投标文件是否为响应性投标，确定投标文件的有效性。审查内容包括投标人的资格、投标保证的有效性、报送资料的完整性、投标文件与招标文件的要求有无实质性背离、报价计算的正确性等。

评审中，评标委员会可以书面方式要求投标人对投标文件中含义不明确、对同类问题表述不一致或有明显文字和计算错误的内容作必要的澄清、说明或者补正。澄清、说明或补正应以书面方式进行并不得超出投标文件的范围或者改变投标文件的实质性内容。投标文件中的大写金额和小写金额不一致的，以大写金额为准；总价金额与单价金额不一致的，以单价金额为准，但单价金额小数点有明显错误的除外；对不同文字文本投标文件的解释发生异议的，以中文文本为准。

评标委员会应当根据招标文件，审查并逐项列出投标文件的全部投标偏差。投标偏差可分为细微偏差和重大偏差两种。

1）细微偏差是指投标文件在实质上响应招标文件要求，但在个别地方存在漏项或提供了不完整的技术信息和数据等情况，并且补正这些遗漏或不完整信息不会对其他投标人造成不公平的结果。细微偏差不影响投标文件的有效性。属于存在细微偏差的投标文件，可以书面要求投标人在评标结束前予以澄清、说明或补正，但不得超出投标文件的范围或改变投标文件的实质性内容。

2）未作实质性响应的重大偏差包括：没有按照招标文件要求提供投标担保或者所提供的投标担保有瑕疵；投标文件没有投标人授权代表签字和加盖公章；投标文件载明的招标项目完成期限超过招标文件规定的期限；明显不符合技术规格、技术标准的要求；投标文件记载的货物包装方式、检验标准和方法等不符合招标文件的要求；投标文件附有招标人不能接受的条件；不符合招标文件中规定的其他实质性要求。所有存在重大偏差的投标文件都应在初评阶段被淘汰，作废标处理。

（2）详细评审。经初步评审合格的投标文件，评标委员会应当根据招标文件确定的评标标准和方法，对其技术标部分和商务标部分作进一步评审、比较。评标方法一般有经评审的最低投标价法、综合评估法或者法律、行政法规允许的其他评标方法。

1）经评审的最低投标价法。此方法一般适用于具有通用技术、性能标准或者招标人对其技术、性能没有特殊要求的招标项目。采用经评审的最低投标价法的，应当在投标文件能够满足招标文件实质性要求的投标人中，评审出投标价格最低的投标人，但投标价格低于其企业成本的除外。

2）综合评估法。采用综合评估法的，应当对投标文件提出的工程质量、施工工期、投标价格、施工组织设计或施工方案、投标人及项目经理业绩等，能否最大限度地满足招标文件中规定的各项要求和评价标准进行评审和比较。根据综合评估法，最大限度地满足招标文件中规定的各项综合评价标准的投标，应当推荐为中标候选人。

招标文件应当载明投标有效期，投标有效期为提交投标文件截止日至公布中标的时间。评标和定标应当在投标有效期结束日30个工作日前完成，不能在这个时间段完成的，招标人应当通知所有投标人延长投标有效期。拒绝延长投标有效期的投标人有权收回投标保证金，同意延长的投标人应当相应延长其投标担保的有效期，但不得修改投标文件的实质性内容。因延长投标有效期造成投标人损失的，招标人应当给予补偿，但因不可抗力需要延长投标有效期的除外。

（3）评标报告。评标委员会完成评标后，应当向招标人提出书面评标报告，并推荐合格的中标候选人。评标委员会推荐的中标候选人应当限定在1～3人，并标明排列顺序。招标人可以根据评标委员会提出的书面评标报告和推荐的中标候选人确定中标人，也可授权评标委员会直接确定中标人。评标报告由评标委员会全体成员签字。评标委员会成员拒绝在评标报告上签字且不陈述其不同意见和理由的，视为同意评标结论。

评标委员会经过评审，认为所有投标都不符合招标文件要求的，可以否决所有投标。对于依法必须进行招标的项目的所有投标都被否决后，招标人应当依法重新招标。

【评标报告示例】 某装饰工程评标报告如下：

实业银行装修工程

评　标　报　告

2017 年 9 月 28 日

实业银行装修工程施工招标，投标企业有：泰山建筑装饰集团公司、黄埔建筑装饰工程有限公司、草原装饰装潢公司、白云装饰设计工程有限公司、故宫建设饰工程集团、大田建筑工程有限责任公司。开标后六家企业的投标书均为有效投标书。依据国家《招标投标法》等相关法律，招标单位依法组建了评标委员会，评标委员会由招标单位2人和专家库中随机抽取的工程经济专家5人共7人组成。评标委员会经推举产生的主任委员，由招标单位代表担任。评标委员会认真讨论了实业银行装修工程施工招标评标细则，对所有有效投标书在投标报价、工期、质量、企业社会信誉和拟派项目部人员及施工业绩、施工组织设计等几方面综合评价，现按综合得分排序如下：

第一名：故宫建设装饰工程集团　　　　　得分：96.26 分

第二名：大田建筑工程有限责任公司　　　得分：89.19 分

第三名：黄埔建筑装饰工程有限公司　　　得分：86.47 分

评标委员会 委员签名	评标委员会成员签名

监督人员签字：

5.4.3　装饰装修工程项目中标

建设工程项目的中标是指通过对投标人各项条件的对比、分析和平衡，选定最优中标人的过程。中标人的投标应当满足以下两个条件：

（1）能够最大限度地满足招标文件中规定的各项综合评价标准；

（2）能够满足招标文件的实质性要求，并且经评审的投标价格最低，但是投标价格低于成本的除外。

中标人确定后，招标人应向中标人发出中标通知书，并同时将中标结果通知所有未中标的投标人。同时，招标人应当自确定中标人之日起 15 日内，向有关行政监督部门提交招标投标情况的书面报告。中标通知书对招标人和中标人均具有法律效力。中标通知书发出后，招标人改变中标结果的，或者中标人放弃中标项目的，应依法承担相应的法律责任。

招标人和中标人应当自中标通知书发出之日起 30 日内，按照招标文件和中标的投标文件订立书面合同，招标人和中标人在合同上签字盖章后合同生效。招标人和中标人不得再行订立背离合同实质内容的其他协议。

对招标文件要求投标人提交履约保证金的，投标人应当提交。拒绝提交的视为放弃中标项目，履约保证金不得超过中标合同金额的 10%。

中标人应当按照合同约定履行义务，完成中标项目。中标人可以按照合同约定或者经招标人同意，将中标项目的部分非主体、非关键性工作分包；中标人不得将中标项目转包，也不得肢解后以分包的名义转让。

【中标通知书范例】　实业银行装修工程

中 标 通 知 书

招标编号：NM2017—JS07

故宫建设装饰工程公司：

实业银行拟建的实业银行装修工程，于 2017 年 9 月 28 日公开开标，已完成评标工作和向住房城乡建设主管部门提交该施工招标投标情况的书面报告工作，现确定你单位为中标人，中标价为 200 元，中标工期自 2017 年 10 月 8 日开工，2017 年 11 月 27 日竣工，总工期为 50 个日历天，工程质量要求符合《建筑工程施工质量验收统一标准》（GB 50300—2013），达到优良工程标准。

你单位收到中标通知书后，三十日内与招标人签订施工合同。

招标人：实业银行

招标代理机构：腾飞招标有限责任公司

2017 年 10 月 4 日

【例 5-2】　建设单位对某写字楼装饰工程进行施工招标。在施工招标前，建设单位拟订了招标过程中可能涉及的各种有关文件。在这些有关文件中，对其中的一种作为承包商据以编制的招标文件提出了下列主要内容：

（1）装饰工程的综合说明；

（2）设计图纸和技术说明；

（3）工程量清单；

（4）装饰工程的施工方案；

（5）主要设备及材料供应方式；

（6）保证工程质量、进度、安全的主要技术组织措施；

（7）特殊工程的施工要求；

（8）施工项目管理机构；

（9）合同条件。

该工程采取公开招标方式，并在招标公告中要求投标者应具有一级建筑装饰装修资质等级的施工单位参加投标。参加投标的施工单位与施工联合体共有8家。在开标会上，与会人员除参与投标的施工单位与施工联合体的有关人员外，还有市招标办公室、评标小组成员及建设单位代表。开标前，评标小组成员提出要对各投标单位的资质进行审查。在开标中，评标小组对参与投标的金盾建筑公司的资质提出了质疑，虽然该公司资质材料齐全，并盖有公章和项目负责人的签字，但法律顾问认定该公司不符合投标资格要求，取消了该标书。另一投标的三星建筑施工联合体是由三家建筑公司联合组成的施工联合体，其中甲建筑公司为一级施工企业，乙、丙建筑公司为三级施工企业；该施工联合体也被认定为不符合投标资格要求，撤销了其标书。

问题：

（1）在招标准备阶段应编制和准备好招标过程中可能涉及的各种文件，你认为这些文件主要包括哪些方面的内容？

（2）上述施工招标文件内容中哪些不正确？为什么？除所提施工招标文件中的正确内容外，还缺少哪些内容？

（3）开标会上能否列入"审查投标单位资质"这一程序？为什么？

（4）为什么金盾建筑公司被认定不符合投标资格？

（5）为什么三星建筑施工联合体也被认定不符合投标资格？

解：

（1）在招标阶段应编制好招标过程可能涉及的有关文件包括：招标公告/广告；资格预审文件；招标文件；合同协议书；资格预审和评标方法；编制标底的有关文件。

（2）文件中第4、6、8条内容不正确。因为第4条施工方案和第6条保证工程质量、进度、安全的主要技术组织措施，以及第8条施工项目管理机构均属于投标单位编制投标文件中的内容，而不是招标文件内容。除文件中第1、2、3、5、7、9条外，在招标文件中还应有投标人须知、技术规范和规程、标准及投标书（标函）格式与其附件、各种保函或保证书格式等。

（3）投标单位的资格审查应放在发放招标文件之前进行，即所谓的资格预审。故在开标会议上，一般不再进行此项议程。

（4）因为金盾建筑公司的资质资料没有法人签字，所以该文件不具有法律效力。项目负责人签字没有法律效力。

（5）根据《中华人民共和国建筑法》第二十七条第二款："两个以上不同资质等级的单位实行联合共同承包的，应当按照资质等级低的单位的业务许可范围承揽工程"，即对该联合体应视为相当于三级施工企业，不符合招标要求一级企业投标的资质规定。

📻| 小 结

本任务要求学生了解建筑装饰工程项目招标投标的相关概念，熟悉招标投标的范围，掌握建筑装饰装修工程项目招标、投标、开标、评标的法律规定。本任务通过案例对投标的一些细节进行了讲解，学生掌握建筑装饰工程投标程序和学会编制投标文件的基本方法。

实训目的：熟悉建筑装饰装修工程施工文件的开标、评标、定标程序。

实训题目：

一、选择题

(1) 应以（　　）为最优投标书。

    A. 投标价最低　　　　　　　　　　B. 评审标价最低

    C. 评审标价最高　　　　　　　　　　D. 评标得分最低

(2) 招标人在中标通知书中写明的中标合同价应是（　　）。

    A. 初步设计编制的概算价　　　　　　B. 施工图设计编制的预算价

    C. 投标书标明的报价　　　　　　　　D. 评标委员会算出的评标价

(3) 投标文件对招标文件的响应有细微偏差，包括（　　）。

    A. 提供的投标担保有瑕疵　　　　　　B. 货物包装方式不符合招标文件的要求

    C. 个别地方存在漏项　　　　　　　　D. 明显不符合技术规格要求

(4) 开标时，所列（　　）情况之一视为废标。

    A. 投标书逾期到达　　　　　　　　　B. 投标书未密封

    C. 报价不合理　　　　　　　　　　　D. 招标文件要求保函而无保函

    E. 无单位和法定代表人或其他代理人印鉴

(5) 根据《招标投标法》的有关规定，下列不符合开标程序的是（　　）。

    A. 开标应当在招标文件确定的提交投标文件截止时间的同一时间公开进行

    B. 开标地点应当为招标文件中预先确定的地点

    C. 开标由招标人主持，邀请中标人参加

    D. 开标过程应当记录，并存档备案

(6) 根据《招标投标法》的有关规定，下列不符合开标程序的是（　　）。

    A. 开标应当在招标文件确定的提交投标文件截止时间的同一时间公开进行

    B. 开标地点由招标人在开标前通知

    C. 开标由住房城乡建设主管部门主持，邀请中标人参加

    D. 开标由住房城乡建设主管部门主持，邀请所有投标人参加

(7) 根据《招标投标法》的有关规定，评标委员会由（　　）依法组建。

    A. 县级以上人民政府　　　　　　　　B. 市级以上人民政府

    C. 招标人　　　　　　　　　　　　　D. 住房城乡建设主管部门

(8) 根据《招标投标法》的有关规定，评标委员会由招标人和有关的技术、经济等方面的专家组成，成员人数为（　　）人以上单数，其中技术、经济等方面的专家不得少于成员总数的三分之二。

    A. 3　　　　　　　B. 5　　　　　　　C. 7　　　　　　　D. 9

(9) 关于评标委员会成员应尽义务的说法中，下列错误的是（　　）。

    A. 评标委员会成员应当客观、公正地履行职务

    B. 评标委员会成员可以私下接触投标人，但不得接受投标人的财务或者其他好处

    C. 评标委员会成员不得透露对投标文件的评审和比较的情况

    D. 评标委员会成员不得透露对中标候选人的推荐情况

(10) 根据《招标投标法》的有关规定，（　　）应当采取必要的措施，保证评标在严格保密的情况下进行。

    A. 评标委员会　　　　　　　　　　　B. 工程所在地县级以上人民政府

    C. 招标人　　　　　　　　　　　　　D. 工程所在地住房城乡建设主管部门

（11）根据《招标投标法》的有关规定，评标委员会完成评标后，应当（　　）。

    A. 向招标人提出口头评标报告，并推荐合格的中标候选人

    B. 向招标人提出书面评标报告，并决定合格的中标候选人

    C. 向招标人提出口头评标报告，并决定合格的中标候选人

    D. 向招标人提出书面评标报告，并推荐合格的中标候选人

（12）根据《招标投标法》的有关规定，中标通知书对招标人和中标人具有法律效力。中标通知书发出后，招标人改变中标结果的，或者中标人放弃中标项目的，应当依法承担（　　）。

    A. 民事责任　　　　B. 经济责任　　　　C. 刑事责任　　　　D. 行政责任

（13）根据《招标投标法》的有关规定，招标人和中标人应当自中标通知书发出之日起（　　）内，并按照招标文件和中标人的投标文件订立书面合同。

    A. 10 日　　　　B. 15 日　　　　C. 30 日　　　　D. 3 个月

二、案例分析

（1）某五星级酒店改造装修，业主采取公开招标方式选择施工单位，业主要求投标单位具有装饰设计甲级、施工一级资质，并具有同类施工经验。共有 A、B、C、D、E、F 六家装饰施工单位报名，经过资格预审，投标单位 F 因资质证书不符合要求而未通过资格预审。该工程采用综合评标法，业主要求技术标和商务标分别装订报送，评标规定如下：

通过资格预审的 A、B、C、D、E 五家单位在投标截止时间前提交了投标文件，其中 E 单位将技术标与商务标分别封装，在封口处加盖单位公章和项目经理签字后在投标截止前一天报送招标代理公司，在规定开标前 1 小时，又递交一份补充材料，修改投标报价，但招标公司有关工作人员以一个投标单位不能提交两份投标文件为由，拒收补充材料。

开标会由市招标办主任主持，市公证处公证人员在开标前对各投标单位的资质进行审查。并对所有投标文件进行审查，确定 A、B、C、D 投标文件有效，E 投标为废标，正式开标。主持人宣读投标单位名称、投标价格、工期和有关投标文件的重要说明。

问题：

1）从背景材料来看，在该项目招标投标程序中存在哪些问题？作简要说明。

2）E 单位的投标书为何为废标？

3）请按综合得分最高者中标原则确定中标单位。

（2）某幕墙施工企业参加寒冷地区某高层建筑幕墙工程施工投标。工程内容有玻璃幕墙、石材幕墙和铝塑复合板幕墙。按照招标文件的要求，该施工企业编制了商务标和技术标。施工进度计划安排计划工期比招标文件要求提前了 8 天。隐框玻璃幕墙的构件和玻璃板块安排在加工厂制作，玻璃与铝框采用单组分硅酮结构密封胶黏结，制作完成时间为 5 月 20 日，5 月 31 日全部安装完成。在施工组织设计中，明确了全玻幕墙和半隐框玻璃幕墙在现场打注硅酮结构密封胶的施工工艺。在健全质量保证体系的措施中，明确了对材料实行进场验收制度，并对玻璃幕墙用结构胶的有关指标和石材弯曲强度、放射性等指标安排了复检。在施工场地布置图中将铝合金型材、玻璃等材料堆场和部分工人宿舍安排在地下室，其他仓库和操作间都在现场搭建临时设施。工程开标后，按照招标文件的评分细则计算，该企业的商务报价可得最高分，但最后该企业没有中标。

问题：分析该企业没有中标的原因。

任务6　建筑装饰装修施工项目管理

任务案例

某别墅吊顶工程施工，按设计要求顶面为轻钢龙骨纸面石膏板吊顶，装饰面层为白色乳胶漆。请描述暗龙骨吊顶施工质量控制要点有哪些？

教学目标

掌握建筑装饰装修工程施工项目现场管理、施工项目进度控制、质量管理、施工安全管理、成本控制和施工索赔等内容。

教学要求

能够针对建筑装饰装修工程进行施工项目进度控制；能够对工程施工项目进行安全管理。

6.1　建筑装饰装修施工项目管理基础知识

项目管理一词是舶来品吗？在我们国家典籍中阐述过相关内容吗？其实我们国家的传统文化中处处体现管理。只是分散在各类文献中，没有形成管理体系。如论述团队管理的有"上下同欲者胜、莫贵于人、无为而治"等。《孙子兵法》是一部杰出的军事管理著作，"上下同欲者胜"是孙子重要的军事思想，他认为只有全军上下树立一个共同的目标，才能取得战争的胜利。"莫贵于人"的思想是军事家孙膑提出的，他认为管理中人是最重要的因素，"以人为本"的管理思想可以更好地发挥员工的积极性、主动性和创造性。"无为而治"是道家最基本的价值主张，是一种高明的管理艺术，使员工各司其职、井然有序的分工协作。当然在如《史记》等其他典籍中也有许多经典的管理案例。我们古代先贤圣者开发出很多特别高明的管理模式，形成了很多特别深刻的管理理念，这些智慧应用到装饰装修工程施工管理中，能够增强同学们文化自信，讲好中国故事。

6.1.1　建筑装饰装修施工项目管理的概念及特征

建筑装饰装修施工项目是指建筑装饰装修工程施工企业自建筑装饰装修工程施工投标开始到保修期满为止的全过程中完成的项目。

建筑装饰装修施工项目管理是指建筑装饰装修工程施工企业运用系统的观点、理论和科学技术以施工项目经理为核心的项目经理部，对施工项目全过程进行计划、组织、监督、控制、协调等全过程的管

工程伦理：中国早期
建筑工程管理责任制

理。施工项目管理是工程项目管理中历时最长、涉及面最广、内容最复杂的一种管理工作。其管理的主体、任务、内容和范围与工程项目管理有着根本的差别。

建筑装饰装修工程作为一个工程项目的从属部分，具有独立的施工条件，属于单位工程或多个分部工程的集合，是施工项目但不是工程项目。因此，从严格意义上讲，建筑装饰装修工程项目管理就是建筑装饰装修工程施工项目管理，具有施工项目管理的特征。其具体表现如下：

（1）建筑装饰装修工程项目的管理主体是建筑装饰企业，建设单位（业主）和设计单位都不能进行施工项目管理。由业主或监理单位进行的工程项目，管理中涉及的装饰施工阶段管理仍属于建设项目管理，不能作为建筑装饰工程项目管理。

（2）建筑装饰装修工程项目管理的对象是建筑装饰工程施工项目，项目管理的周期也就是装饰装修工程施工项目的生命期。

（3）建筑装饰装修工程项目管理要求强化组织协调工作。装饰施工项目生产活动的特殊性、项目的一次性、施工周期长、资金多、人员流动性大等特点，决定了建筑装饰装修工程项目管理中的组织协调工作最为艰难、复杂、多变，必须通过强化组织协调的办法才能保证项目的顺利进行。

6.1.2 建筑装饰装修施工项目管理的过程、内容和程序

1. 建筑装饰装修施工项目管理的过程

建筑装饰装修工程施工项目管理是指由装饰施工企业对可能获得的施工项目开展工作。其全过程包括以下 5 个阶段：

（1）投标签约阶段。

（2）施工准备阶段。

（3）施工阶段。

（4）验收、交工与竣工结算阶段。

（5）用后服务阶段。

建筑装饰装修工程施工项目管理全过程如图 6-1 所示。

建设工程项目管理规范

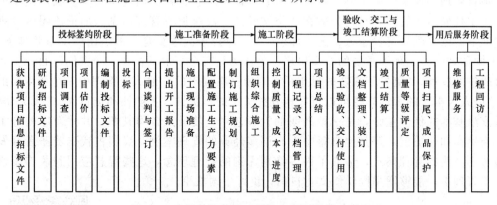

图 6-1 建筑装饰装修工程施工项目管理全过程

2. 建筑装饰装修施工项目管理的内容

建筑装饰装修施工项目管理的内容与程序应体现企业管理层和项目管理层参与的项目管理活动。项目管理的每一过程都应体现计划、实施、检查、处理（PDCA）的持续改进过程。

项目管理的内容应包括：编制"项目管理规划大纲"和"项目管理实施规划"，项目进度控制，项目质量控制，项目安全控制，项

中国智慧：《三国演义》中的管理智慧

目成本控制，项目人力资源管理，项目材料管理，项目机械设备管理，项目技术管理，项目资金管理，项目合同管理，项目信息管理，项目现场管理，项目组织协调，项目竣工验收，项目考核评价，项目回访保修等。

3. 建筑装饰装修施工项目管理的程序

建筑装饰装修施工项目管理的程序为：编制项目管理规划大纲、编制投标书并进行投标，签订施工合同，选定项目经理，项目经理接受企业法定代表人的委托组建项目经理部，企业法定代表人与项目经理签订"项目管理目标责任书"，项目经理部编制"项目管理实施规划"，进行项目开工前的准备，施工期间按"项目管理实施规划"进行管理，在项目竣工验收阶段进行竣工结算，清理各种债权债务、移交资料和工程，进行技术经济分析，做出项目管理总结报告并送企业管理层有关职能部门，企业管理层组织考核委员会对项目管理工作进行考核评价并兑现"项目管理目标责任书"中的奖惩承诺，项目经理部解体，在保修期前企业管理层根据"工程质量保修书"的约定进行项目回访保修。

6.2 建筑装饰装修施工项目管理组织机构

6.2.1 建筑装饰装修施工项目管理组织机构的概念和作用

建筑装饰装修施工项目管理组织机构与企业管理组织机构是局部与整体的关系。组织机构设置的目的是进一步充分发挥项目管理功能，提高项目整体管理效率，以达到项目管理的最终目标。因此，企业在推行项目管理中合理设置项目管理组织机构是一个至关重要的问题。高效率的组织体系和组织机构的建立是施工项目管理成功的组织保证。

1. 组织的概念

"组织"有两种含义：第一种含义是作为名词出现的，是指组织机构。组织机构是按一定领导体制、部门设置、层次划分、职责分工、规章制度和信息系统等构成的有机整体，是社会人的结合形式，可以完成一定的任务，并为此而处理人和人、人和事、人和物的关系。第二种含义是作为动词出现的，是指组织行为（活动），即通过一定的权力和影响力，为达到一定的目标，对所需资源进行合理配置，处理人和人、人和事、人和物关系的行为（活动）。管理职能是通过两种含义的有机结合而产生和起作用的。

建筑装饰装修施工项目管理组织，是指为进行施工项目管理、实现组织职能而进行组织系统的设计与建立、组织运行和组织调整。组织系统的设计与建立，是指经过筹划、设计，建成一个可以完成施工项目管理任务的组织机构，建立必要的规章制度，划分并明确岗位、层次、部门的责任和权力，建立和形成管理信息系统及责任分担系统，并通过一定岗位和部门内人员的规范化的活动及信息流通实现组织目标。

2. 施工项目管理组织机构的作用

（1）组织机构是施工项目管理的组织保证。项目经理在启动项目实施之前，首先要做组织准备，建立一个能完成管理任务、令项目经理指挥灵便、运转自如、效率很高的项目组织机构——项目经理部。其目的是提供进行施工项目管理的组织保证。

（2）形成一定的权力系统以便进行集中统一指挥。组织机构的建立，首先是以法定的形式产生权力。权力是工作的需要，也是管

杜邦安全管理理论

理地位形成的前提，还是组织活动的反映。没有组织机构，便没有权力，也没有权力的运用。施工项目组织机构的建立要伴随着授权，以便权力的使用能够实现施工项目管理的目标。要合理分层，层次过多，则权力分散；层次过少，则权力集中。所以，要在规章制度中把施工项目管理组织的权力阐述明白，固定下来。

（3）形成责任制和信息沟通体系。责任制是施工项目组织中的核心问题。没有责任也就不能称其为项目管理机构，也就不存在项目管理。一个项目组织能否有效地运转，取决于是否有健全的岗位责任制。施工项目组织的每个成员都应肩负一定责任，责任是项目组织对每个成员规定的一部分管理活动和生产活动的具体内容。

信息沟通是组织力形成的重要因素。信息产生的根源在组织活动之中，下级（下层）以报告的形式或其他形式向上级（上层）传递信息；同级不同部门之间为了相互协作而横向传递信息。

综上所述，可以看出建筑装饰装修施工项目组织机构非常重要，其在施工项目管理中是一个焦点。一个项目经理只要建立了理想、有效的组织系统，项目管理就成功了一半。

6.2.2　建筑装饰装修施工项目管理组织结构的形式

施工项目管理组织的形式是指在施工项目管理组织中处理管理层次、管理跨度、部门设置和上下级关系的组织结构的类型。主要的建筑装饰装修施工项目管理组织结构形式有工作队式、部门控制式、矩阵制式、事业部制式等。

1. 工作队式项目组织

如图 6-2 所示，工作队式项目组织是指主要由企业中有关部门抽出管理力量组成施工项目经理部的方式，企业职能部门处于服务地位。

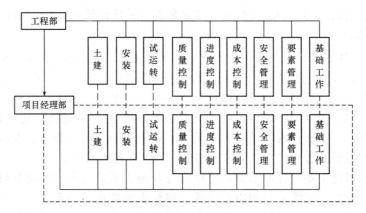

图 6-2　工作队式项目组织

工作队式项目组织类型适用于工期要求紧迫，要求多工种、多部门密切配合的大型项目。因此，它要求项目经理素质高、指挥能力强，有快速组织队伍及善于指挥来自各方人员的能力。

2. 部门控制式项目组织

如图 6-3 所示，部门控制式项目组织并不打乱企业的现行建制，其是将项目委托给企业某一专业部门或某一施工队，由被委托的单位负责组织项目实施。

中国智慧：《三国演义》中的管理智慧

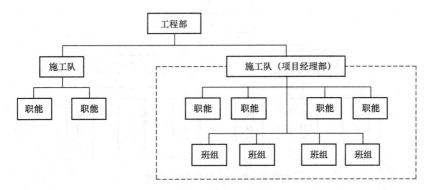

图 6-3　部门控制式项目组织

部门控制式项目组织一般适用于小型的、专业性较强、不需要涉及众多部门的施工项目。

3. 矩阵制式项目组织

中国古代建筑管理
文化——中国古代
建筑工程管理

如图 6-4 所示，矩阵制式项目组织是指结构形式呈矩阵状的组织。其项目管理人员由企业有关职能部门派出并进行业务指导，接受项目经理的直接领导。

矩阵制式项目组织适用于同时承担多个需要进行项目管理工程的企业。在这种情况下，各项目对专业技术人才和管理人员都有需

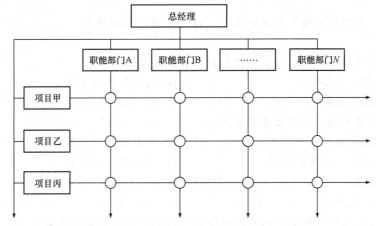

图 6-4　矩阵制式项目组织

求，加在一起数量较大，采用矩阵制式项目组织可以充分利用有限的人才对多个项目进行管理，特别有利于发挥优秀人才的作用；其适用于大型、复杂的施工项目。因大型复杂的施工项目要求多部门、多技术、多工种配合实施，在不同阶段对不同人员在数量和搭配上有不同的需求。

4. 事业部制式项目组织

企业成立事业部。事业部对企业来说是职能部门，对企业外来说享有相对独立的经营权，也可以是一个独立单位。事业部制式项目组织可以按地区设置，也可以按工程类型或经营内容设置。其形式如图 6-5 所示。

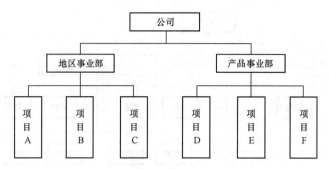

图 6-5 事业部制式项目组织

在事业部下边设置项目经理部。项目经理由事业部选派，一般对事业部负责，有的可以直接对业主负责，这是根据其授权程度决定的。

事业部制式项目组织适用于大型经营性企业的工程承包，特别是适用于远离公司本部的工程承包。需要注意的是，一个地区只有一个项目，没有后续工程时，不宜设立地区事业部。也就是说，它适用于在一个地区内有长期市场或一个企业有多种专业化施工力量时采用。在这种情况下，事业部与地区市场具有相同的寿命。地区没有项目时，该事业部应予以撤销。

实训训练

实训目的：了解施工项目管理的概念、内容、组织机构应用。

实训题目：

(1) 关于施工项目管理的特点，下列说法错误的是（　　）。

    A. 对象是施工项目   B. 主体是建设单位

    C. 内容是按阶段变化的   D. 要求强化组织协调工作

(2) 以下不属于施工项目管理内容的是（　　）。

    A. 施工项目的生产要素管理   B. 施工项目的合同管理

    C. 施工项目的信息管理   D. 单体建筑的设计

(3) 下列选项中，不属于施工项目管理组织主要形式的是（　　）。

    A. 部门控制式   B. 工作队式   C. 线性结构式   D. 事业部式

(4) 兼有部门控制式和工作队式两种组织形式优点的项目组织形式是（　　）。

    A. 部门控制式   B. 工作队式   C. 矩阵式   D. 事业部式

(5) 工作队式项目组织（　　）。

    A. 适用于小型的、专业性较强的项目

    B. 适用于平时承担多个需要进行项目管理工程的企业

    C. 适用于大型项目、工期要求紧迫的项目

    D. 适用于大型经营性企业的工程承包

创新创造：建筑
机器人在项目
管理中的应用

6.3 建筑装饰装修施工项目进度控制

建筑装饰装修施工项目进度控制是项目管理的重要组成部分，是施工项目进度计划实施、监督、检查、控制和协调的综合过程。

6.3.1 施工项目进度控制的方法

建筑装饰装修施工项目进度控制的方法包括系统控制、分工协作控制、信息反馈控制和循环反馈控制等。

（1）系统控制方法。建筑装饰装修施工项目进度控制，包括项目施工进度规划系统和项目施工进度系统两部分内容。项目施工进度规划系统包括项目总进度计划、项目施工进度计划和施工作业规划等内容。

（2）分工协作控制方法。建筑装饰装修施工项目进度控制是由分工和协作两个系统组成的，它是根据项目施工进度控制机构层次，明确其进度控制职责，并建立纵向和横向两个控制系统。项目施工进度纵向控制系统由公司领导班子和项目经理部构成；项目施工进度横向控制系统则由项目经理部各职能部门构成。

（3）信息反馈控制方法。加强项目施工进度的反馈是建筑装饰装修施工项目进度控制的协调工作之一。当项目施工进度出现偏差时，相关的信息就会反馈到项目进度控制主体，由该主体做出纠正偏差的反应，使项目施工进度朝着规划目标进行，并达到预期效果。这样，就使项目施工进度规划的实施、检查和调整过程成为信息反馈控制的实施过程。

（4）循环反馈控制方法。建筑装饰装修施工项目进度控制是项目施工进度规划、实施、检查和调整的四个过程，实质上是构成了一个循环控制系统。在项目实施过程中，可分别以工程项目、分部（项）工程为对象，建立不同层次的循环控制系统。

6.3.2 施工项目进度控制的类型、形式和内容

1. 施工项目进度控制的类型

（1）项目总进度计划。施工项目从开始实施一直到竣工为止的各个主要环节，一般多用直线在时间坐标上（横道图）表示。显示项目设计、施工、安装、竣工验收等各个阶段的日历进度，可以供工程师作为控制、协调总进度及其他监理工作之用。

（2）项目施工进度计划。施工阶段各个环节（工序）的总体安排，必须报监理工程师审批。该计划以各种定额为准，根据每道工序所需耗用的工时以及计划投入的人力、工作班数以及物资、设备供应情况，求出各分部（项）工程及单位工程的施工周期；然后，按施工顺序及有关要求，编制出总项目施工进度计划。项目施工进度规划一般可用横道图或网络图表示。

（3）作业进度计划。作业进度计划是施工项目总进度计划的具体化，可以将一个分部（项）的一个阶段作为控制对象；也可以将一项作业活动作为控制对象。其可用横道图或网络图表示，是基层施工班组进行施工的指导性文件。

2. 施工项目进度控制的形式

施工项目进度控制的形式主要包括统计表形式、横道图或横线图、垂直进度计划、网络计划和其他形式。

3. 施工项目进度控制的主要内容

（1）施工进度事前控制内容。施工进度事前控制内容包括：提交各项施工进度计划，由业主或监理单位审查后确定；为确保进度实现而编制大量详细的实施计划。其中，包括季度、月度工程施工实施计划，材料采购计划，分部与分项工程计划，施工机具调配计划等。

（2）施工进度事中控制内容。施工进度事中控制内容包括：在施工进度计划中，要求每项具体任务通过签发施工任务书的方式，使其进一步落实；做好项目施工进度记录，记载计划实施中每项任务的开始日期、进度情况和完成日期，及时、准确地提供施工活动的各项资料，为施工项目进度检验与分析提供信息；严格进行项目施工检查，进行实际进度与计划进度的比较，并找出偏差，修改和调整项目施工进度计划。在项目的整个施工过程中，修正进度计划往往要进行多次，并且每次由业主和监理单位审核后确定。

（3）施工进度事后控制内容。施工进度事后控制内容包括：及时进行项目施工验收工作；办理工程索赔；整理项目进度资料，并建立相应档案；完善项目竣工验收管理。

6.3.3 施工项目进度控制的任务、流程和措施

1. 施工项目进度控制的任务

建筑装饰装修施工项目进度控制的任务是编制建筑装饰装修施工项目进度计划并控制其执行；编制季度、月度实施作业计划并控制其执行；编制各种物资资源计划供应工作并控制其执行，严格执行和完成规定的各项目标。

2. 施工项目进度控制的流程

建筑装饰装修施工项目进度控制流程图如图 6-6 所示。

3. 施工项目进度控制的措施

建筑装饰装修施工项目进度控制采取的主要措施包括组织措施、技术措施、经济措施和信息管理措施等。

（1）组织措施。组织措施是指落实各个层次的建筑装饰装修施工项目进度控制人员、具体任务和工作责任；建立进度控制的组织系统；按建筑装饰装修施工项目的规模大小、装饰档次，确定其进度目标；建立进度控制协调工作制度，如协调会议定期召开时间、参加人员等；对影响建筑装饰装修施工进度的干扰因素进行分析和预测。

（2）技术措施。技术措施是指为了加快建筑装饰装修施工进度而选用先进的施工技术，其包括两个方面的内容：一是硬件技术，即工艺技术；二是软件技术，即管理技术。要求施工机具配套齐全、性能先进、轻便可靠、生产效率高。

（3）经济措施。经济措施是指实现建筑装饰装修施工进度计划的资金保证。它是控制进度目标的基础，如各种资源的供应、劳动分配和物质激励，都对建筑装饰装修施工进度控制目标产生作用。

（4）信息管理措施。信息管理措施是指不断地收集建筑装饰装修施工实际进度的有关资料进行整理统计，并与计划进度比较分析，做出决策，调整进度，使其与预定的工期目

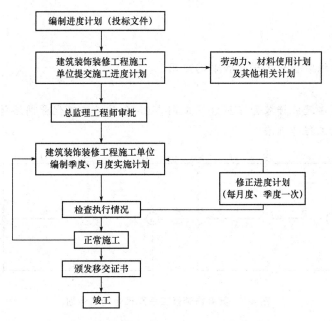

图 6-6 建筑装饰装修施工项目进度控制流程图

标相符。实践证明，建筑装饰装修施工项目进度控制的过程就是信息收集管理的过程。

6.3.4 施工项目进度控制的影响因素

为了有效地进行建筑装饰装修施工项目进度控制，应根据建筑装饰装修施工的特点，尤其是对建筑装饰装修施工工程规模较大、施工复杂、工期较长的施工项目，影响施工进度的因素较多，必须对影响施工进度的因素进行分析、采取措施，使建筑装饰装修施工进度尽可能按照计划进度进行。其主要影响因素如下。

1. 有关单位的影响

建筑装饰装修工程施工项目的承包人虽然对施工进度起着决定性作用。但是，建设单位、设计单位、材料设备供应单位、银行信贷、材料运输，以及水、电供应部门等任何一个单位拖后，都可能给施工造成困难而影响施工进度。由此可见，建筑装饰装修施工项目进度控制不能单靠承包人，还需要有其他相关单位的相互配合。

2. 工艺和技术的影响

建筑装饰装修施工单位对设计意图和技术要求未能完全领会，工艺方法选择不当，盲目施工，在施工操作中没有严格执行技术标准、工艺规程，出现问题，新技术、新材料、新工艺缺乏经验等，都会直接影响建筑装饰装修的施工进度。

3. 不利施工条件的影响

在施工中遇到不利施工条件时会使施工难度增大，进度减慢甚至停工。如工作场地狭窄、自然灾害甚至不可抗力等，都会影响建筑装饰装修工程的施工进度。

4. 施工组织管理不当的影响

建筑装饰装修施工进度控制不力、决策失误、指挥不当、领导行为有误、劳动力和机具调配不当、施工现场布置不合理等，都会影响建筑装饰装修的施工进度。

实训目的：熟练掌握施工进度控制的应用。

实训题目：

背景材料：某建筑装饰装修工程合同工期为 25 个月，其双代号网络计划如图 6-7 所示。该计划已经过监理工程师批准。

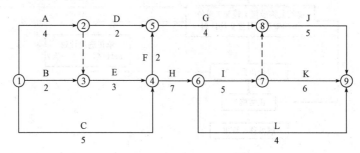

图 6-7　某装饰装修工程双代号网络计划

问题：

（1）该网络计划的计算工期是多少？为保证工程按期完成，哪些施工应作为重点控制对象？为什么？

（2）当该计划执行 7 个月后，检查发现，施工过程 C 和施工过程 D 已完成，而施工过程 E 将拖后 2 个月。此时，施工过程 E 的实际进度是否影响总工期？为什么？

（3）如果施工过程 E 的施工进度拖后 2 个月是由于 20 年一遇的大雨造成的，那么承包单位可否向建设单位索赔工期和费用？为什么？

6.4　建筑装饰装修施工项目成本控制

在建筑装饰装修施工项目的施工过程中，必然会发生活劳动和物化劳动的消耗。这些消耗的货币表现形式，叫作生产费用。将建筑装饰装修施工过程中发生的各项生产费用归结到施工项目上，就构成了建筑装饰装修施工项目的成本。建筑装饰装修施工项目管理是以降低施工成本，提高效益为目标的一项综合性管理工作。其在建筑装饰装修施工项目管理中占有十分重要的地位。

6.4.1　建筑装饰装修施工项目成本的概念与构成

1. 建筑装饰装修施工项目成本的概念

建筑装饰装修施工项目成本是在建筑装饰装修施工中所发生的全部生产费用的总和，即在施工中各种物化劳动和活劳动创造的价值的货币表现形式。它包括支付给生产工人的工资、奖金，消耗的材料、构配件、周转材料的摊销费或租赁费，施工机具台班费或租赁费，项目经理部为组织和管理施工所发生的全部费用支出。

在建筑装饰装修施工项目成本管理中，既要看到施工生产中消耗所形成的成本，又要重视成本的补偿。这才是对建筑装饰装修施工项目成本的完整理解。

2. 建筑装饰装修施工项目成本的构成

建筑装饰装修施工项目成本由直接成本和间接成本组成。

(1) 直接成本。直接成本是指建筑装饰装修施工过程中直接耗费的构成工程实体或有助于工程形成的各项支出。其包括人工费、材料费、机具使用费和其他直接费。所谓其他直接费，是指除直接费外建筑装饰装修施工过程中发生的其他费用，包括建筑装饰装修施工过程中发生的材料二次搬运费、临时设施摊销费、生产机具使用费、检验试验费、工程定位复测费、工程点交费、场地清理费等。

(2) 间接成本。间接成本是指建筑装饰装修施工项目经理部为施工准备，组织和管理施工生产所发生的全部施工间接费支出。其包括现场管理人员的人工费（基本工资、补贴、福利费）、固定资产使用维护费、工程保修费、劳动保护费、保险费、工程排污费、其他间接费等。

值得注意的是，下列支出不得列入建筑装饰装修施工项目成本，也不得列入建筑装饰装修施工企业成本。如为购置和建造固定资产、无形资产和其他资产的支出；对外投资的支出；没收的财物；支付的滞纳金、罚款、违约金、赔偿金；企业赞助、捐赠支出；国家法律、法规规定以外的各种支付费用和国家规定不得列入成本费用的其他支出。

6.4.2　建筑装饰装修施工项目成本控制的特点及意义

建筑装饰装修项目成本控制，是建筑装饰施工企业为降低建筑装饰装修工程施工成本而进行的各项控制工作的总称。其包括成本预测、成本计划、成本控制、成本核算和成本分析等。建筑装饰装修施工项目经理部在项目施工过程中，对所发生的各种成本信息，通过有组织、有系统地预测、计划、控制、核算和分析等一系列工作，促使施工项目系统内的各种要素按照一定的目标运行，使建筑装饰装修施工项目的实际成本能够控制在预定计划成本范围内。工程成本控制管理是业主和承包人双方共同关心的问题，其直接涉及业主和承包人双方的经济利益。

1. 建筑装饰装修施工项目成本控制的特点

(1) 成本控制的集合性。成本目标不是孤立的，它只有与质量目标、进度目标、效率、工作质量要求、消耗等相结合，才有价值。

(2) 成本控制周期要求短。成本控制的周期不可太长，通常按月进行核算、对比、分析，在实施过程中的成本控制以近期成本为主。

(3) 成本控制的责任性。项目参加者对成本控制的积极性和主动性是与他对项目承担的责任形式相联系的。例如，订立的工程合同价若是采用成本加酬金的合同方式，承包者就会对成本控制没有兴趣；而如果订立的是固定总价合同，他就会严格控制成本开支。

2. 建筑装饰装修施工项目成本控制的意义

(1) 建筑装饰装修施工项目成本控制是建筑装饰装修施工项目工作质量的综合反映。建筑装饰装修施工项目成本的降低，表明施工过程中活劳动消耗和物化劳动的节约。活劳动节约，表明劳动生产率提高；物化劳动节约，说明固定资产利用率提高和材料消耗率降低。所以，抓住建筑装饰装修施工项目成本控制这个关键环节，就可以及时发现建筑装饰装修施工项目生产和管理中存在的问题，并采取措施，充分利用人力、物力，降低建筑装饰装修施工项目成本。

(2) 建筑装饰装修施工项目成本控制是增加企业利润，扩大社会积累最主要的途径。

在施工项目价格一定的前提下，成本越低，营利越高。建筑装饰装修施工企业是以装饰装修施工为主业的，因此，其施工利润是企业经营利润的主要来源，也是企业营利总额的主体，故降低施工项目成本即成为装饰装修施工企业营利的关键。

（3）建筑装饰装修施工项目成本控制是推行项目经理项目承包责任制的动力。在项目经理项目承包责任制中，规定项目经理必须承包项目质量、工期和成本三大约束性目标。成本目标是经济承包目标的综合体现。项目经理要想实现其经济承包责任，就必须充分利用生产要素和市场机制，管好项目，控制投入，降低消耗，提高效率，将质量、工期和成本三大相关目标结合起来综合控制。这样，既实现了成本控制，又带动了项目的全面管理。

6.4.3 建筑装饰装修施工项目成本控制的内容和方法

建筑装饰装修施工项目成本控制的内容和方法，按照工程成本控制发生的时间顺序，其程序可分为三个阶段，即事前控制、事中控制和事后控制。

1. 工程成本的事前控制

工程成本的事前控制主要是指工程项目开工前，对影响成本的有关因素进行成本预测和成本计划。

（1）成本预测。建筑装饰装修施工项目成本预测是指通过了解成本信息和装饰装修施工项目的具体情况，运用专门的方法，对未来的成本水平及其可能发展的趋势做出科学的估计，其实质就在施工之前对建筑装饰装修施工项目的成本进行核算。

由于成本预测是在成本发生前，因此需要根据预计的多种变化情况，测算成本的降低幅度，确定降低成本的目标。为确保工程项目降低成本目标的实现，可以分析和研究各种可能降低成本的措施和途径，如改进施工工艺和施工组织；节约材料费用、人工费用、机械使用费；实行全面质量管理，减少和防止不合格品、废品损失和返工损失；节约管理费用，减少不必要的开支等。

通过成本预测，可以使项目经理部在满足业主和企业要求的前提下，选择成本低、效益好的最佳成本方案，并能够在建筑装饰装修施工项目成本的形成过程中，针对薄弱环节，加强成本控制，克服盲目性，提高预见性。

1）成本预测的方法。成本预测的方法一般可分为定性预测法与定量预测法两类。

①定性预测法主要有专家会议法、主观概率法等。专家会议法就是选择具有丰富经验，对经营和管理熟悉，并有一定专长的各方面专家，针对预测对象，估计工程成本；主观概率法是与专家会议和专家调查法相结合的方法，即允许专家在预测时提出几个估计值，并评出各值出现的可能性（概率），然后计算各个专家预测值的期望值，最后对所有专家预测期望值求平均值，即预测结果。

②定量预测法主要有移动平均法、指数平滑法等。所谓移动平均法，是指从时间序列的第一项数值开始，按一定项数求序时平均数，逐项移动，边移边平均，即可得出一个由移动平均数构成新的时间序列。它将原有统计数据中的随机因素加以过滤，消除数据中的起伏波动情况，使不规则的线型大致上规则化，以显示出预测对象的发展方向和趋势。指数平滑法是一种简便易行的时间序列预测方法，它是在移动平均法基础上发展起来的一种预测方法，使用移动平均法有两个明显的缺点：一是它需要大量的历史观察值的储备；二是要用时间序列中近期观察值的加权方法来解决。因为最近观察中包含着最多的未来情况的信息，所以，必须相对前期观察值赋予更大的权数。即对最近期的观察值应给予最大的权数，而对较远的观察值就给予递减的权数。指数平滑法就是既可以满足加权法，又不需

要大量历史观察值的一种新的移动平均预测法。

2）影响成本水平的因素。影响成本水平的因素主要有物价变化、劳动生产率、物料消耗指标、项目管理办公费用开支等。可根据近期内其他工程的实施情况、本企业职工及当地分包企业情况、市场行情等，推测未来哪些因素会对建筑装饰装修施工项目的成本水平产生何种影响。

总之，成本预测是对施工项目实施之前的成本预计和推断，这往往与实施过程中及其之后的实际成本有出入，而产生预测误差。预测误差的大小反映预测的准确程度。如果误差较大，应分析产生误差的原因并积累经验。

（2）成本计划。建筑装饰装修施工项目成本计划是以货币形式编制施工项目在计划期内的生产费用、成本水平、成本降低率，以及为降低成本所采取的主要措施和规划的书面方案。其是建立施工项目成本管理责任制，开展成本控制和核算的基础。一般来说，建筑装饰装修施工项目成本计划应包括从开工到竣工所需要的施工成本。它是建筑装饰装修施工项目降低成本的指导文件，是确立目标成本的依据。

建筑装饰装修施工项目成本计划一般由项目经理部编制，规划出实现项目经理成本承包目标的实施方案。其技术组织措施包括以下内容：

1）降低成本的措施要从技术和组织方面进行全面设计。

2）从费用构成要素方面考虑，首先，应降低装饰材料费用，因为材料费用占工程成本的大部分，其降低成本的潜力最大；其次，可建立自己的建筑装饰材料基地，从厂方直接购进材料。

3）降低机械使用费，充分发挥机械生产能力。

4）降低人工费用。其根本途径是提高劳动生产率，提高劳动生产率必须通过提高生产工人的劳动积极性来实现。提高工人劳动积极性应与适当的分配制度、激励办法、责任制及思想工作有关，要正确应用行为科学的理论。

5）降低间接成本。其途径是由各业务部门进行费用节约承包，采取缩短工期的措施。

6）降低质量成本措施。建筑装饰装修施工项目质量成本包括内部质量损失成本、外部质量损失成本、质量预防成本与质量鉴定成本。降低质量成本的关键是降低内部质量损失成本，而其根本途径是提高建筑装饰装修工程质量，避免返工和修补。

2. 工程成本的事中控制

建筑装饰装修工程在施工过程中，项目成本控制必须突出经济原则、全面性原则（包括全员成本控制和全过程成本控制）和责权利相结合的原则，根据施工的实际情况，做好项目的进度统计、用工统计、材料消耗统计、机械台班使用统计，以及各项间接费用支出的统计工作，定期编写各种费用报表，对成本的形成和费用偏离成本目标的差值进行分析，查找原因并进行纠偏和控制。

通过成本控制，最终实现甚至超过预期的成本目标。建筑装饰装修施工项目事中成本控制应贯穿于施工项目从招标投标阶段开始直至项目竣工验收的全过程，是建筑装饰装修施工企业全面成本管理的重要环节。

建筑装饰装修施工项目成本计划执行中的具体控制环节包括以下几个方面：

（1）下达成本控制计划。由成本控制部门或工程师根据成本计划再分门别类拟订和下达控制计划给各管理部门与施工现场的管理人员。

（2）建立落实计划成本责任制。建筑装饰装修施工项目成本确定之后，要按计划要求采用目标分解的办法，由项目经理部分配到各职能人员、单位工程承包班子和承包班组，签订成本承包合同，然后由承包者提出保证成本计划完成的具体措施，确保成本承包目标的实现。

（3）加强成本计划执行情况的检查与协调。项目经理部应定期检查成本计划的执行情况，并在检查后及时分析，采取措施控制成本支出，保证成本计划的实现。一般应做好以下工作：

1）项目经理部应根据承包成本和计划成本，绘制月度成本折线图。在成本计划实施过程中，按月度在同一图上打点，形成实际成本折线，如图 6-8 所示。从图 6-8 中不但可以看出成本发展动态，还可以分析成本偏差。成本偏差有以下三种：

$$实际偏差＝实际成本－承包成本$$
$$计划偏差＝承包成本－计划成本$$
$$目标偏差＝实际成本－计划成本$$

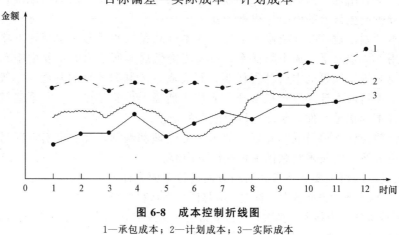

图 6-8 成本控制折线图
1—承包成本；2—计划成本；3—实际成本

应尽量减少目标偏差，目标偏差越小，说明控制效果越好。目标偏差为计划偏差与实际偏差之和。

2）根据成本偏差，用因果分析图分析产生的原因，然后设计纠偏措施，制定对策，协调成本计划。对策要列成对策表，落实执行责任，见表 6-1。对责任的执行情况应进行考核。

表 6-1 成本控制纠偏对策表

计划成本	实际成本	目标偏差	解决对策	责任人	最终解决时间

3. 工程成本的事后控制

建筑装饰装修工程全部竣工以后，必须对竣工工程进行决算，对工程成本计划的执行情况加以总结，对成本控制情况进行全面的综合分析考核，以便找出改进成本管理的对策。

（1）工程成本分析。工程成本分析是项目经济核算的重要内容，是成本管理和经济活动分析的重要组成部分。成本分析要以降低成本计划的执行情况为依据，对照成本计划和各项消耗定额，检查技术组织措施的执行情况，分析降低成本的主观、客观原因，量差和价差因素，节约和超支情况，从而提出进一步降低成本的措施。

（2）工程成本核算。工程成本核算就是根据原始资料记录，汇总和计算工程项目费用的支出，核算承包工程项目的原始资料。在施工过程中，项目成本的核算应以每月为一个核算期，在月末进行。核算对象应按单位工程划分，并与施工项目管理责任目标成本的界定范围一致。进行核算时，要严格遵守工程项目所在地关于开支范围和费用划分的规定，对计入项目内的人工、材料、机械使用费，其他直接费、间接费等费用和成本，以实际发生数为准。

（3）工程成本考核。所谓成本考核，是指按施工项目成本目标责任制的有关规定，在建筑装饰装修施工项目完成后，对建筑装饰装修施工项目成本的实际指标与计划、定额、预算进行对比和考核，评定建筑装饰装修施工项目成本计划的完成情况和各责任者的业绩，并为此给予相应的奖励和处罚。通过成本考核，做到奖罚分明，才能有效地调动企业的每一个职工在各自的施工岗位上努力完成目标成本的积极性，为降低建筑装饰装修施工项目成本和增加企业积累，做出自己的贡献。

综上所述，建筑装饰装修施工项目成本管理系统中每一个环节都是相互联系和相互作用的。成本预测是成本决策的前提，成本计划是成本决策所确定目标的具体化。成本控制则是对成本计划的实施进行监督，以保证决策的成本目标实现；而成本核算又是成本计划是否能够实现的最后检验。它所提供的成本信息又可以为下一个建筑装饰装修施工项目的成本预测和决策提供基础资料。成本考核是实现成本目标责任制的保证和实现决策目标的重要手段。

6.5　建筑装饰装修施工项目质量控制

6.5.1　建筑装饰装修施工项目质量控制体系

1. 工程质量的概念

工程质量的概念有广义和狭义之分。广义的工程质量是指工程项目质量，其包括工程实体质量和工作质量两部分。工程实体质量包括分部（项）工程质量、单位工程质量。工作质量可以概括为社会工作质量和生产过程质量两个方面。狭义的工程质量是指产品质量，即工程实体质量或工作质量，其定义是："反映实体满足明确和隐含需要能力的特性的总和"。

（1）工程实体质量。建筑装饰装修工程实体作为一种综合加工的产品，它的质量是指建筑装饰装修工程产品适合于某种规定的用途，满足人们要求其所具备的质量特性的程度。由于建筑装饰装修工程实体具有"单件、定做"的特点。建筑装饰装修工程实体质量特性除具有一般产品所共有的特性外，还具有以下几点特殊之处：

**大国工程：
港珠澳大桥
质量控制**

1）理化方面的性能。其表现为机械性能（强度、塑性、硬度、冲击韧性等），以及抗渗、耐热、耐磨、耐酸、耐腐蚀等性能。

2）使用时间的特性。其表现为建筑装饰装修工程产品的寿命或其使用性能稳定在设计指标以内所延续时间的能力。

3）使用过程的特性。其表现为建筑装饰装修工程产品的适用程度，对于有些功能性要求高的建筑，是否满足使用功能和环境美化的要求。

4）经济特性。其表现为造价价格，生产能力或效率，生产使用过程中的能耗、材耗及维修费用高低等。

5）安全特性。其表现为保证使用及维护过程的安全性能。

（2）工作质量。工作质量是指参与项目建设的各方有关人员为了保证工程产品质量所做的组织管理工作和各项工作的水平与完善程度。工程项目的质量是规划、勘测、设计、施工等各项工作的综合反映，而不是单纯靠质量检验检查出来的。要保证工程产品质量，就要求参与项目建设的各方有关人员对影响工程质量的所有因素进行控制，通过提高工作质量来保证和提高工程质量。

工作质量并不像工程实体质量那样直观，它主要体现在企业的一切经营活动中，通过经济效果、生产效率、工作效率和工程质量集中表现出来。

2. 工程质量管理

（1）工程质量管理的概念。质量管理是指确定质量方针、目标和职责并在质量体系中通过如质量策划、质量控制、质量保证和质量改进，使其实施的全部管理职能的所有活动。

由定义可知，工程质量管理是一个组织全部管理职能的一个组成部分，其职能是质量方针、质量目标和质量职责的制订与实施。工程质量管理是有计划、有系统的活动，为实现质量管理需要建立质量体系，而质量体系又要通过质量策划、质量控制、质量保证和质量改进等活动发挥其职能，可以说这四项活动是质量管理工作的四大支柱。

（2）工程质量管理的重要性。"百年大计，质量第一"，质量管理工作已经越来越为人们所重视。企业领导清醒地认识到了高质量的产品和服务是市场竞争的有效手段，是争取用户、占领市场和发展企业的根本保证。

工程项目投资大，消耗的人工、材料、能源多是与工程项目的重要性和在生产生活中发挥的巨大作用相辅相成的。如果工程质量差，不仅不能发挥应有的效用，反而会因质量、安全等问题影响国计民生和社会环境安全。工程项目的一次性特点决定了工程项目只能成功不能失败，工程质量差，不仅关系到工程的适用性，而且还关系到人民的生命财产安全。工程质量的优劣，直接影响着国家经济建设的速度。工程质量差本身就是最大浪费，低劣的质量一方面需要大幅度增加维修的费用；另一方面，还将给业主增加使用过程中的维修、改造费用。同时，低劣的质量必然缩短工程的使用寿命，使业主遭受更大的经济损失，还会带来停工、减产等间接损失。

3. 工程项目质量体系要素

质量体系要素是构成质量体系的基本单元，是产生和形成工程产品的主要因素。建筑装饰装修施工企业要根据企业自身的特点，参照质量管理和质量保证国际标准与国家标准中所列的质量体系要素的内容，选用和增删要素，建立和完善施工企业的质量体系，并将质量管理和质量保证落实到施工项目上。一方面，企业要按照内部质量体系要素的要求，形成本工程项目的质量体系，并使之有效运行，达到提高工程质量和服务质量的目的；另一方面，工程项目要实现质量保证，特别是业主或第三方提出的外部质量保证要求，以赢得社会信誉，是企业进行质量体系认证的重要内容。

装饰工程作为实施建筑工程项目的一部分，其施工过程的管理体系与建筑工程基本一致。整个施工过程管理由 17 个要素构成，如图 6-9 所示。

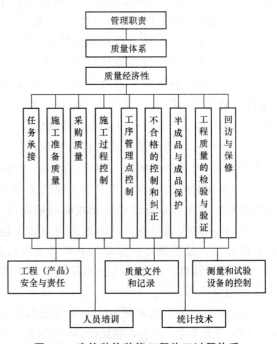

图 6-9　建筑装饰装修工程施工过程体系

6.5.2　建筑装饰装修施工项目质量控制的原则

对建筑装饰装修施工项目而言，质量控制就是为了确保合同、规范所规定的质量标准，所采取的一系列检测、监控措施、手段和方法。在进行建筑装饰装修施工质量控制过程中，应遵循以下几项原则：

（1）坚持"质量第一，用户至上"。社会主义商品经营的原则是"质量第一，用户至上"。建筑装饰装修产品作为一种特殊的商品，在施工中应自始至终地将"质量第一，用户至上"作为质量控制的基本原则。

（2）"以人为核心"。人是质量的创造者，质量控制必须"以人为核心"，将人作为控制的动力，调动人的积极性、创造性；增强人的责任感，树立"质量第一"的观念；提高人的素质，避免人的失误，以人的工作质量来保证工序质量，促进工程质量。

（3）"以预防为主"。"以预防为主"就是要从对质量的事后检查把关，转向对质量的事前控制和事中控制；从对产品质量的检查，转向对工作质量的检查、对工序质量的检查、对中间产品的质量检查。这是确保建筑装饰装修施工项目质量的有效措施。

（4）坚持质量标准，严格检查，一切用数据说话。质量标准是评价产品质量的尺度，数据是质量控制的基础和依据。产品质量是否符合质量标准，必须通过严格检查，用数据说话。

（5）贯彻科学、公正、守法的职业规范。建筑装饰施工企业的项目经理，在处理质量问题的过程中，应尊重客观事实，尊重科学，要正直、公正，不持偏见；遵纪、守法，杜绝不正之风；既要坚持原则、严格要求、秉公办事，又要实事求是、以理服人、热情帮助。

6.5.3　建筑装饰装修施工项目质量的影响因素

建筑装饰装修施工项目质量的影响因素包括人、装饰材料、机具、施工方法、施工环境五个方面。事前对这五个方面的因素严加控制，是保证建筑装饰装修施工项目质量的关键。

（1）人的控制。人，作为控制的对象，是要避免产生失误；作为控制的动力，是要充分调动人的积极性，发挥人的主导作用。为此，除健全岗位责任制，改善劳动条件，公平、合理地激励劳动热情外，还需要根据工程特点，从确保质量出发，在人的技术水平、生理缺陷、心理行为、错误行为等方面来控制人的使用。如对技术复杂、难度大、精度高的工序或操作，应由技术熟练、经验丰富的工人来完成；反应迟钝、应变能力差的人，不能操作快速运行、动作复杂的机具设备；对某些要求万无一失的工序和操作，一定要分析人的心理行为，控制人的思想活动，稳定人的情绪；对具有危险源的现场作业，应控制人的错误行为，严禁吸烟、打赌、嬉戏、误判断、误动作等。

另外，应严格禁止无技术资质的人员上岗操作，对因不懂、省事、碰运气、有意违章的行为，必须及时制止。总之，在使用人的问题上，应从政治素质、思想素质、业务素质和身体素质各个方面综合考虑，全面控制。

（2）装饰材料的控制。材料控制包括原材料、成品、半成品等的控制，主要是严格检查验收，正确、合理地使用，建立管理台账，进行收、发、储、运等各环节的技术管理，避免混料和将不合格的原材料使用到建筑装饰装修工程上。

（3）机具的控制。机具控制包括施工机械设备、工具等的控制。要根据不同装饰工艺特点和技术需求，选用合适的机具设备，正确使用、管理和保养好机具设备，为此要健全人机固定制度、操作证制度、岗位责任制度、交接班制度、技术保养制度、安全使用制度、机具检查制度等，以确保机具设备处于最佳使用状态。

（4）施工方法的控制。施工方法控制包括施工方案、施工工艺、施工组织设计、施工技术措施等的控制，主要应切合工程实际，能解决施工难题，技术可行，经济合理，有利于保证工程质量，加快进度，降低成本。

（5）施工环境的控制。建筑装饰装修工程质量的环境影响因素较多，有工程技术环境，如建筑物的内、外装饰环境等；工程管理环境，如质量保证体系、质量管理制度等；劳动环境，如劳动组合、作业场所、工作面等。环境因素对工程质量的影响，具有复杂而多变的特点。如气象条件就变化万千，温度、湿度、大风、暴雨、酷暑、严寒都直接影响建筑装饰工程质量。又如，前一工序往往就是后一工序的环境，前一分部（项）工程也就是后一分部（项）工程的环境。因此，根据工程特点和具体条件，应对影响质量的环境因素采取有效的措施严加控制。尤其是施工现场，应建立文明施工和文明生产的环境，保持装饰材料、工件堆放有序，工作场所清洁、整齐，施工程序井井有条，为确保质量、安全创造良好条件。

6.5.4 建筑装饰装修施工项目质量控制的主要任务及内容

1. 建筑装饰装修施工项目质量控制的主要任务

建筑装饰装修工程质量控制，主要是指在施工现场对施工过程的计划、实施、检查和监督等工作。其任务主要是落实企业关于确保工程质量的计划，采取具体步骤和措施，使保证质量的体系得以有效运行，达到提高建筑装饰工程质量的目的。

2. 建筑装饰装修施工项目质量控制的主要内容

（1）贯彻执行现行国家和本行业有关的施工规范、技术标准和操作规程，以及上级有关质量的要求等。

（2）建立及执行保证工程质量的各种管理制度。

（3）制订保证质量的各种技术措施。

（4）坚持材料的检验和施工过程的质量检验。

（5）组织分部（项）工程及单位工程的质量检验评定。

（6）广泛组织质量管理小组，开展群众性的质量管理活动。

（7）进行质量回访，听取用户意见，及时进行保修，积累资料和总结经验。

（8）开展群众性的质量教育活动，开展创优质工程活动，不断提高员工的质量意识。

6.5.5 建筑装饰装修工程质量控制的验收

1. 建筑装饰装修工程质量验收的意义

建筑装饰装修工程质量验收是指建筑装饰装修工程在施工过程中按照国家标准对其质量进行检查验收的活动。这项工作的主要意义在于鼓励先进，鞭策落后，推动质量管理工作，不断提高质量水平。

2. 建筑装饰装修工程质量的检查

（1）建筑装饰装修工程质量检查的依据。建筑装饰装修工程质量检查的依据包括国家颁发的有关施工质量验收规范、施工技术操作规程；原材料、半成品和构配件的质量检验标准；设计图纸、设计变更、施工说明及承包合同等有关设计文件。

（2）建筑装饰装修工程质量验收项目及适用范围见表6-2。

表 6-2　建筑装饰装修工程质量验收项目及适用范围

序号	项目名称	适用范围
1	一般抹灰工程	石灰砂浆、水泥混合砂浆、水泥砂浆、聚合物水泥砂浆、膨胀珍珠岩水泥砂浆、麻刀石灰等
2	装饰抹灰工程	水刷石、水磨石、干粘石、假面砖、拉条灰、拉毛灰、洒毛灰、喷砂、滚涂、弹涂、仿石和彩色抹灰等
3	门窗工程	铝合金门窗安装、钢门窗安装、塑料门窗安装等
4	油漆工程	混色油漆、清漆和美术油漆工程以及木地板烫蜡，擦软蜡、大理石，水磨石地面打蜡工程等
5	刷（喷）浆工程	石灰浆，大白浆，可赛银浆，聚合物水泥浆和不溶性涂料，无机涂料等以及室内美术刷浆、喷浆工程等
6	玻璃工程	平板玻璃、夹丝玻璃、磨砂玻璃、钢化玻璃、压花玻璃和玻璃砖等安装
7	裱糊工程	普通壁纸，塑料壁纸和玻璃纤维墙纸等
8	饰面工程	天然石饰面板：大理石饰面板、花岗石饰面板等 人造石饰面板：人造大理石饰面板、预制水磨石、水刷石饰面板等 饰面砖：外墙面砖、釉面砖、陶瓷锦砖（陶瓷马赛克）等
9	罩面板及钢木骨架安装	罩面板：胶合板、塑料板、纤维板、钙塑板、刨花板、木丝板、木板等 钢木骨架：木骨架，钢木组合骨架，轻钢龙骨骨架等
10	细木制品	楼梯扶手、贴脸板、护墙板、窗帘盒、窗台板、挂镜线等
11	花饰安装	混凝土花饰、水泥砂浆花饰、水刷石花饰、石英花饰等

（3）建筑装饰装修工程质量检查的内容。建筑装饰装修工程质量检查的内容主要包括：原材料、半成品、成品和构配件等进场材料的质量保证书与抽样试验资料；施工过程的自检原始记录和有关技术档案资料；使用功能检查；项目外观检查（根据规范和合同要求，主要包括主控项目和一般项目）。

（4）建筑装饰装修工程质量检查的方法。建筑装饰装修施工现场进行质量检查的方法有观感目测法、实测法和试验法三种。

1）观感目测法。其手段可归纳为"看""摸""敲""照"四个字。

①"看"即外观目测，是对照规范或规程要求进行外观质量的检查。例如，饰面表面颜色、质感、造型、平整度等都可用目测观察其是否符合要求。纸面无斑痕、空鼓、气泡、折皱，每一墙面纸的颜色、花纹一致；斜视无胶痕，纹理无压平、起光现象，对缝无离缝、搭缝、张嘴；对缝处要完整；裁纸的一边不能对缝，只能搭接；墙纸只能在阴角处搭接，阳角应采用包角等。又如，清水墙面是否洁净，喷涂是否密实和颜色是否均匀，内墙抹灰大面及边角是否平直，地面是否光洁、平整，油漆浆活表面观感，施工顺序是否合理，工人操作是否正确等，均是通过观感目测检查、评价。

②"摸"即手感检查，用于建筑装饰装修工程的某些项目。如油漆表面的平整度和光滑程度等。

③"敲"是运用工具进行音感检查，对地面工程和装饰工程中的水磨石、面砖、马赛克和大理石贴面等，均应进行敲击检查，通过声音的虚实确定有无空鼓，还可根据声音的清脆和沉闷，判定是否属于面层空鼓。另外，用手敲击玻璃，如发出颤动声响，一般是底灰不满或压条不实。

④"照"是指对于人眼不能直接达到的高度、深度和亮度不足的部位，检查人员借助灯光或镜子反光来检查。如门窗上口的填缝等。

2) 实测法。实测法就是通过实测数据与建筑装饰装修工程施工质量验收规范所规定的允许偏差对照，来判别质量是否合格。实测检查法的手段可归纳为"靠""吊""量""套"四个字。

①"靠"是指用工具（靠尺、楔形塞尺）测量表面平整度，它适用于地面、墙面顶棚等要求平整度的项目。

②"吊"是指用工具（拖线板、线坠等）测量垂直度。如用线坠和拖线板吊测墙、柱的垂直度等。

③"量"是用测量工具和计量仪表等检查装饰构造尺寸、轴线、位置标高、湿度、温度等偏差。

④"套"是以方尺套方，辅以塞尺检查。如对阴阳角的方正、踢脚线的垂直度、室内装饰配置构件的方正等项目进行检查。对门窗洞口及装饰构配件的对角线（串角）检查，也是套方的特殊手段。

3) 试验法。试验法是指必须通过试验手段，才能对质量进行判断的检查方法。例如，在建筑装饰装修工程施工中，有大量的预埋件、连接件、锚固件等，为保证饰面板与基层连接的安全牢固性，对于钉件的质量、规格、螺栓及各种连接紧固件的设置位置、数量与埋入深度等必要时要进行拉力试验，检验焊接和预埋连接件的质量。

实训训练

实训目的：熟练掌握工程质量控制的内容及方法。

实训题目：

(1) 背景材料：某业主投资对原有客房进行改造，施工内容包括：墙面壁纸、软包，地面地毯，木门窗更换。高档客房内要有仿古门套、窗棂等装饰和配套机电改造。质量标准要达到《建筑装饰装修工程质量验收标准》（GB 50210—2018）合格标准。

业主与一家施工单位签订了施工合同。工程开始后，甲方代表提出如下要求：

1) 除甲方指定的材料外，壁纸、软包布、地毯必须待甲方确认样品后方可采购和使用。

2) 因为饭店是四星级，所以对工程中所用的各种软包布、衬板、填充料、地毯、壁纸、边柜材料必须进行环保和消防检测，对其燃烧性能和有害物质含量进行复试，合格后才能用于工程。

3) 为保证木作不变形，木材含水率要小于9%。

4) 壁纸的种类、规格、图案、颜色和燃烧性能等级必须符合设计要求及现行国家标准的有关规定。

5）裱糊工程必须达到拼接横平竖直，拼接处花纹、图案吻合，不离缝，不搭接，不显拼缝。

该项工程所需要的 160 樘木门是由业主负责供货，木门运达施工单位工地仓库，并经入库验收。在施工过程中，发现有 10 个木门发生变形，监理工程师随即下令施工单位拆除，经检查原因属于木门使用材料不符合要求。

问题：

1）裱糊前，基层处理质量应达到什么要求？

2）甲方代表所提要求是否合理？

3）针对本工程，请描述对细部工程的质量要求。

4）对木门应如何处理？

（2）背景材料：某单位新建一职工住宅楼，完工后需要进行简单装修，为节省资金，选择涂饰内墙面，双方约定 1 个月后交工。由于工期紧迫，施工方日夜连续施工。完工后检查时发现楼层内挥发性气味极浓，调查发现施工单位选用了水性涂料，而且部分材料质量不符合要求。

问题：

1）单位能否选用水性涂料作为内墙涂饰材料？常见的水性涂料有哪些？

2）造成该质量事故的主要原因是什么？

3）我国《民用建筑工程室内环境污染控制标准》（GB 50325—2020）对选用水性涂料有哪些强制性规定？

6.6　建筑装饰装修施工项目现场管理

6.6.1　施工项目现场管理的概念、内容与施工作业计划

1. 施工项目现场管理的概念

施工现场管理是指建筑装饰装修施工企业为完成建筑装饰产品的施工任务，从接受施工任务开始到工程验收交工为止的全过程中，围绕施工现场和施工对象而进行的生产事务的组织管理工作。其目的是在施工现场充分利用施工条件，发挥各施工要素的作用，保持各方面工作的协调，使施工能正常进行，并按时、按质地提供建筑装饰产品。

科学创新：
无人机在施工
管理中的应用

2. 施工项目现场管理的内容

（1）进行开工前的现场施工条件的准备，促成工程开工。

（2）进行施工中的经常性准备工作。

（3）编制施工作业计划，按计划组织综合施工，进行施工过程的全面控制和协调。

（4）加强对施工现场的平面管理，合理利用空间，做到文明施工。

（5）利用施工任务书进行基层队组的施工管理。

（6）组织工程的交工验收。

3. 建筑装饰装修工程施工作业计划

建筑装饰装修工程施工作业计划是计划管理中最基本的环节，是实现年季度计划的具体行动计划，是指导现场施工活动的重要依据。

（1）编制施工作业计划的依据。

1）企业年、季度施工进度计划。

2）企业承揽与中标的工程任务及合同要求。

3）各种施工图纸和有关技术资料、单位工程施工组织设计。

4）各种材料、设备的供应渠道、供应方式和进度。

5）工程承包组的技术水平、生产能力、组织条件及历年达到的各项技术经济指标水平。

6）施工工程资金供应情况。

（2）施工作业计划编制的内容。施工作业计划一般主要是指月度施工作业计划，其主要内容包括编制说明和施工作业计划表。

1）编制说明的主要内容有编制依据、施工队组的施工条件、工程对象条件、材料及物资供应情况、具体困难或需要解决的问题等。

2）月度施工作业计划表。

①主要计划指标汇总表，见表6-3。

表6-3　主要计划指标汇总表

___年___月

指标名称	单位	合计			按单位分列						
		上月实际完成	本月实际完成	本月比上月提高/%	××工程处	××工程处	××加工厂	机运处	水电队	机关	

②施工项目计划表，见表6-4。

表6-4　施工项目计划表

___年___月

建设单位及单位工程	结构	层次	开工日期	竣工日期	面积		上月末进度	本月末形象进度	工作量/万元	
					施工/m²	竣工/m²			总计	自行

③主要实物工程量汇总表，见表 6-5。

表 6-5 主要实物工程量汇总表

___年___月

名称 分项	吊顶棚 /m²	墙柱面 /m²	楼地面 /m²	门窗安装 /m²	油漆粉刷 /m²	装饰灯具/个	其他零星 项目
合计							
一队							
二队							

④施工进度表，见表 6-6。

表 6-6 施工进度表

___年___月

序号	分部分项工程名称	单位	工程量	单价	工作量	工程内容及形象进度

⑤劳动力需用量及平衡表，见表 6-7。

表 6-7 劳动力需用量及平衡表

___年___月

工种	计划工日数	计划工作天数	出勤率	计划人数	现有人数	余缺人数（＋）（一）	备注

⑥主要材料需用量表，见表 6-8。

表 6-8 主要材料需用量表

___年___月

建设单位及 单位工程	材料名称	型号规格	单位	数量	计划需要日期	平衡供应日期	备注

⑦大型施工机械设备需用量计划表，见表 6-9。

表 6-9　大型施工机械设备需用量计划表

＿＿＿年＿＿＿月

机械名称	能力规格	使用单位工程名称	分部分项工程名称	数量	计划台班产量	计划台班数	需要机械数量	计划起止日期	平衡供应		备注
									数量	起止日期	

⑧预制构配件需用量计划表，见表 6-10。

表 6-10　预制构配件需用量计划表

＿＿＿年＿＿＿月

建设单位及单位工程	构配件名称	型号规格	单位	数量	计划需要日期	平衡供应日期	备注

⑨技术组织措施、降低成本计划表，见表 6-11。

表 6-11　技术组织措施、降低成本计划表

＿＿＿年＿＿＿月

措施项目名称	措施涉及的工程项目名称及工程量	措施执行单位及负责人	措施的经济效果										降低成本合计	备注
			降低材料费					降低人工费		降低其他直接费	降低管理费			
			水泥	木材	石材	涂料	小计	减少工日	金额					

6.6.2　施工项目现场管理的准备工作

1. 组织准备

组织准备是建立项目施工的经营和指挥机构及职能部门，并配备一定的专业管理人员的工作。大、中型工程应成立专门的施工准备工作班子，具体开展施工准备工作。对于不需要单独组织项目经营指挥机构和职能部门的小型工程，则应明确规定各职能部门有关人员在施工准备工作中的职责，形成相应非独立的施工准备工作班子。有了组织机构和人员分工，繁重的施工准备工作才能在组织上得到保证。

2. 技术准备

(1) 向建设单位和设计单位调查了解项目的基本情况，获取有关技术资料。

(2) 对施工区域的自然条件进行调查。

(3) 对施工区域的技术经济条件进行调查。

(4) 对施工区域的社会条件进行调查。

(5) 编制施工组织设计和工程预算。

3. 物资准备

物资准备的目的是为施工全过程创造必要的物质条件。其主要包括以下内容：

(1) 施工开始前，应及早办理物资计划申请和订购手续，组织预制构件、配件和铁件的生产或订购，调配机械设备等。

(2) 施工开始后，应抓好对进场材料、配件和机械的核对、检查与验收，进行场内材料运输调度及材料的合理堆放，抓好材料的修旧利废等工作。

4. 施工队伍准备

(1) 按计划分期分批组织施工队伍进场。

(2) 办理临时工、合同工的招收手续。

(3) 按计划培训施工中所需的稀缺工种、特殊工种的工人。

5. 现场场地准备

(1) 搞好"三通一平"，即路通、电通、水通，平整、清理施工场地。

(2) 现场施工测量。对拟装修工程进行找平、定位放线等。

6. 提出开工报告

当各项工作准备就绪后，由施工承包单位提出开工报告，待批准后工程才能开工。开工报告应一式四份，送公司审批后，公司留存一份，退回三份，格式可参照建筑工程开工申请报告的表格样式填写。

6.6.3 施工现场检查、调度及交工验收

1. 施工现场检查

施工现场检查的主要内容包括施工进度、平面布置、质量、安全、节约等方面。

(1) 施工进度。施工进度安排要严格按照施工组织设计中施工进度计划要求来执行。施工现场管理人员要定期检查施工进度情况，对施工进度拖后的施工队或班组，要督促其在保证质量与安全的前提下加快施工速度。否则，有可能使工期拖后而影响工程按期完成交付使用。

(2) 平面布置。施工现场的平面布置是合理使用场地、保证现场道路、水、电、排水系统畅通，搞好施工现场场容，以实现科学管理、文明施工为目的的重要措施。施工平面布置管理的经常性工作有：检查施工平面规划的贯彻、执行情况，督促按施工平面布置图的规定兴建各项临时设施，摆放大宗材料、成品、半成品及生产机械设备。

(3) 质量。工程质量的检查和督促是保证与提高工程质量的重要措施，是施工不可缺少的工作。施工企业工程质量的好坏决定其竞争力的大小，进而决定其生存与发展。

工程质量的检查与督促的主要内容有：检查工程施工是否遵守设计规定的工艺流程，是否严格按图施工；施工是否遵守操作规程和施工组织设计规定的施工顺序；材料的储备、

发放是否符合质量管理的规定；隐蔽工程的施工是否符合质量检查验收规范。

（4）安全。工程安全的检查和督促是为了防止工程施工高空作业和工程交叉穿插施工中发生伤亡事故的重要措施。首先，要加强对工人的安全教育，克服麻痹思想，不断提高职工安全生产的意识。同时，还要经常地对职工进行有针对性的安全生产教育，新工人上岗前要进行安全生产的基本知识教育，对容易发生事故的工种还要进行安全操作训练，确实掌握安全操作技术才能独立操作。

（5）节约。工程节约的检查和督促可涉及施工管理的各个方面，它与劳动生产率、材料消耗、施工方案、平面布置、施工进度、施工质量等都有关。施工中节约的检查与督促要以施工组织设计为依据，以计划为尺度，认真检查督促施工现场人力、财力和物力的节约情况，经常总结节约经验，查明浪费的问题和原因并切实加以解决。

2. 施工调度工作

施工调度工作的主要任务是监督、检查计划和工程合同的执行情况，协调总、分包及各施工单位之间的协作配合关系；及时、全面地掌握施工进度；采取有效措施，处理施工中出现的矛盾，克服薄弱环节，促进人力、物资的综合平衡，保证施工任务保质、保量、快速地完成。

施工调度工作是实现正确施工指挥的重要手段，是组织施工各环节、各专业、各工种协调动作的中心。

3. 交工验收

工程交工验收是最终建筑装饰产品，即工程竣工交付使用。被验收的工程应达到的标准要求有：工程项目按照工程合同规定和设计图纸要求已全部施工完毕，达到国家规定的质量标准，能够满足使用要求；设备调试、运转达到设计要求；交工工程做到面明、地净、水通、灯亮及采暖通风设备运转正常；建筑物外用工地以内的场地清理完毕；技术档案资料齐全，竣工结算已经完毕。

交工验收工作主要有两项，即双方和有关部门的检查、鉴定及工程交接。

建设单位在收到施工企业提交的交工资料以后，应组织人员会同交工单位、监理单位和其他建设管理部门根据施工图纸、施工验收规范，共同对工程进行全面的检查和鉴定。经检查、鉴定符合要求后，合同双方即可签署交接验收证书，逐项办理固定资产移交。根据承包合同的规定办理工程结算手续。除注明的承担保修的内容外，双方的经济关系和法律责任即可解除。

实训训练

实训目的：了解施工现场管理准备工作及内容。

实训题目：

（1）背景材料：某三星级饭店进行装饰装修改造。按照合同要求，施工期间不能对营业区域造成影响。施工单位对施工区域与营业区域进行了分割，封闭措施完善、有效，控制严格，对施工环境的影响降到最低限度，甲方较为满意。

问题：

1）施工现场料具及保安消防管理有哪些内容？

2）现场文明施工管理内容是什么？

（2）背景材料：2017 年 9 月，某施工单位甲由建设方邀请招标获得某市体育馆的内外装修工程。该单位此后又将各单位工程分包给不同的施工单位。其中单位乙负责内墙面涂饰工程，而单位丙负责吊顶工程。由于各分项工程属于不同单位，现场秩序比较混乱。施工过程中由于吊顶施工用电焊火花飞溅，引起地面堆放的油漆材料起火，继而引起火灾，直接经济损失达 280 多万元。

问题：

1）施工单位甲通过邀请招标方式获得该市体育馆装饰装修工程是否合理，为什么？

2）在单位乙和单位丙施工过程中，应怎样注意明火使用？

3）装饰装修工程对发包单位与承包单位有什么要求？

4）哪个单位应负责施工现场管理？应怎样组织装饰装修工程现场文明施工管理？

6.7　建筑装饰装修施工项目安全管理

建筑装饰装修工程施工是一项复杂的生产过程，施工安全管理关系到社会的安全和公共利益。因此，切实增强施工安全的责任意识，从施工过程的各个环节、各个方面落实安全生产责任，是确保工程施工安全的前提。

6.7.1　建筑装饰装修工程安全管理的任务

建筑装饰装修施工项目安全管理就是施工项目在施工过程中，组织安全生产的全部管理活动。通过对生产因素具体的状态控制，使生产因素不安全的行为和状态减少或消除，不引发人为事故，尤其是不引发使人受到伤害的事故，充分保证建筑装饰装修施工项目效益目标的实现。

建筑装饰装修施工企业是以施工生产经营为主业的经济实体。全部生产经营活动是在特定空间进行人、财、物动态组合的过程，并通过这一过程向社会交付有商品性的建筑装饰产品。

在完成建筑装饰产品的过程中，人员的频繁流动、生产的复杂性和产品的一次性等显著的生产特点，决定了组织安全生产的特殊性。安全生产是施工项目重要的控制目标之一，也是衡量建筑装饰装修施工项目管理水平的重要标志。因此，施工项目必须把实现安全生产当作组织施工活动时的重要任务。

建筑装饰装修施工项目安全管理主要包括安全施工与劳动保护两个方面。安全施工是建筑装饰施工企业组织施工活动和安全工作的指导方针，要确立"施工必须安全，安全促进施工"的辩证思想；劳动保护是保护劳动者在施工中的安全和健康。

安全管理的任务就是要想尽一切办法找出施工生产中的不安全因素，用技术上与管理上的措施去消除这些不安全的因素，做到预防为主，防患于未然，保证施工顺利进行，保证员工的安全与健康。

中国传统文化：
安管理全小故事
——曲突徙薪

6.7.2　建筑装饰装修工程安全管理的制度

安全生产是我国的一项重大政策，也是企业管理的重要原则之一。做好安全生产工作，对于保证劳动者在生产中的安全健康，搞好企业的经营管理，促进经济发展和社会稳定具有重要的意义。因此，制订合理的安全管理制度必不可少。

建筑装饰装修工程管理制度主要有以下几项：

（1）安全施工生产责任制。

（2）安全技术措施计划制度。

（3）安全施工生产教育制度。

（4）安全施工生产检查制度。

（5）工伤事故的调查和处理制度。

（6）防护用品及食品安全管理制度。

（7）安全值班制度。

6.7.3　建筑装饰装修工程安全管理的措施

建筑装饰装修施工现场的安全管理，重点是进行人的不安全行为与物的不安全状态的控制，落实安全管理的决策与目标，以消除一切事故、避免事故伤害、减少事故损失为管理目的。

建筑装饰装修施工项目安全管理措施是安全管理的方法与手段，管理的重点是对生产各因素状态的约束与控制。根据建筑装饰装修施工生产的特点，安全管理措施要带有鲜明的行业特色。

1. 落实安全责任，实施责任管理

建筑装饰装修施工项目经理部承担控制、管理施工生产进度、成本、质量、安全等目标的责任。因此，必须同时承担进行安全管理、实现安全生产的责任。

（1）建立、完善以项目经理为首的安全生产领导组织，有组织、有领导地开展安全管理活动，承担组织、领导安全生产的责任。

（2）建立项目经理部各级人员安全生产责任制度，明确各级人员的安全责任，抓制度落实、抓责任落实，定期检查安全责任落实情况。

（3）建筑装饰装修施工项目应通过监察部门的安全生产资质审查并得到认可。

（4）建筑装饰装修施工项目经理部负责施工生产中物的状态审验与认可，承担物的状态漏验、失控的管理责任。接受由此而出现的经济损失。

（5）一切管理、操作人员均需与施工项目经理部签订安全协议，向施工项目经理部做出安全保证。

（6）对安全生产责任落实情况的检查，应进行认真、详细地记录，以作为分配、奖惩的原始资料之一。

2. 安全教育与训练

进行安全教育与训练，能增强人的安全生产意识，掌握安全生产知识，有效地防止人的不安全行为，减少人的失误。安全教育与训练是进行人的行为控制的重要方法和手段。因此，进行安全教育与训练要适时、宜人、内容合理、方式多样且形成制度。组织安全教育与训练应做到严肃、严格、严密、严谨、讲求实效。

3. 安全检查

安全检查是发现不安全行为和不安全状态的重要途径，是消除事故隐患、落实整改措施、防止事故伤害、改善劳动条件的重要方法。

中国传统文化：
扁鹊论医

（1）安全检查的形式。安全检查的形式包括普遍检查、专业检查和季节性检查三种。

（2）安全检查的内容。安全检查的内容主要是查思想、查管理、查制度、查现场、查隐患、查事故处理。

（3）安全检查的方法。常用的安全检查方法有一般检查方法和安全检查表法。

（4）消除危险因素的关键。安全检查的目的是发现、处理、消除危险因素，避免事故伤害，实现安全生产。消除危险因素的关键环节在于认真整改，真正地、确确实实地把危险因素消除。对于一些由于各种原因而一时不能消除的危险因素应逐项分析，寻求解决办法，安排整改计划，尽快予以消除。

安全检查的整改，必须坚持"三定"和"不推不拖"，不使危险因素长期存在而危及人的安全。

4. 作业标准化

在操作者产生的不安全行为中，不知道正确的操作方法，为了干得快些而省略了必要的操作步骤，坚持自己的操作习惯等原因所占比例很大。按科学的作业标准规范人的行为，有利于控制人的不安全行为，减少人的失误。

5. 生产技术与安全技术的统一

生产技术工作是通过完善生产工艺过程、完备生产设备、规范工艺操作、发挥技术的作用来保证生产顺利进行，其包含了安全技术在保证生产顺利进行的全部职能和作用。两者的实施目标虽各有侧重，但它们的工作目的完全统一在保证生产顺利进行、实现效益这一共同的基点上。生产技术与安全技术统一，体现了安全生产责任制落实、具体地落实"管生产同时管安全"的管理原则。

6. 正确对待事故的调查与处理

事故是违背人们意愿，且又不希望发生的事件。一旦发生事故，不能以违背人们意愿为理由，予以否认。关键在于对事故的发生要有正确认识，并用严肃、认真、科学、积极的态度，处理好已发生的事故，尽量减少损失。采取有效措施，避免同类事故重复发生。

未遂事故同样暴露安全管理的缺陷、生产因素状态控制的薄弱。因此，未遂事故要如同已经发生的事故一样对待，并要调查、分析、处理妥当。

📝 **实训训练**

实训目的：熟练掌握建筑装饰装修工程安全管理的内容及措施。

实训题目：

（1）背景材料：某煤炭集团食堂进行装修改造，施工中需大量拆除原有的旧装饰，施工单位配合建设单位对原有结构进行安全鉴定，个别部位需要进行结构补强。楼板局部开裂进行碳纤维加固，混凝土梁开裂进行夹钢板及增加空腔钢梁加固，确保了机关办公楼整体结构的安全及牢固性。

施工单位制订的文明安全、消防保卫、环保环卫措施如下：

1) 文明安全施工措施。

①项目经理对安全现场的安全生产员直接负责，工长对管辖作业班组的安全生产员直接负责，在组织安排生产的同时落实安全施工技术措施，进行安全交底和检查。

②作业班组实行联合安全保卫措施，通过操作人员之间的相互监督、控制、保护的关系和作用，实现对不安全行为有效控制。

③施工安全检查体系：

a. 质检部负责对项目部的安全生产和文明施工实施监督和抽查。

项目经理部质量安全员负责对施工项目的安全、文明施工活动监督和跟踪检查，发现问题立即组织人员绘制因果图、排列图，找出主要原因，然后指定整改措施。作业班组兼职安全员负责对班组安全、文明活动进行检查和落实。

b. 公司每旬对项目部进行一次检查，平时对工地进行不定期抽查。项目经理部每周对工地进行安全文明施工抽查。

2) 安全防护技术措施。

①认真执行《建筑施工现场安全防护基本标准》，在施工现场大门口设置施工告示。

②严格执行《施工现场临时用电安全技术规范》（JGJ 46—2005），安装、维修或拆除临时用电工程，设两名电工负责，制订安全用电技术措施和电气防火措施。

③用橡皮电缆架空敷设要沿墙壁用绝缘子固定，高度不得小于 2.5 m。

④开关箱必须有漏电保护，其动作电流不大于 30 mA，动作时间不小于 0.1 s，进入开关箱的电源线严禁用插销连接。

⑤电焊机械应放置在通风良好的干燥的位置，周围严禁存放易燃物。

3) 消防保卫措施。

①施工现场配置足够的消防器材，并合理布局，规范安放，消防器材设明显标志，并保证消防器材灵活有效。

②施工现场实行用火审批制度，作业用火前必须经消防保卫组检查批准，发放用火证，电气焊工必须持证上岗，施焊时安排专人看火并有灭火措施及器材。

③现场建材的保管要符合防火，防盗要求，库房禁止使用易燃材料搭设，易燃品设专库存放，并保持通风干燥。

④建立出入场管理制度，现场保安 24 小时值班，做好值班记录。

4) 环保措施及场容卫生。

①施工现场的材料按施工平面图堆放整齐，场内卫生由专人清扫，垃圾统一归堆密闭储存，并及时外运。

②装饰装修施工中的油漆涂料分项工程施工应符合《民用建筑工程室内环境污染控制标准》（GB 50325—2020）的强制性条文要求：

a. 民用建筑工程室内装修中所采用的水性涂料、水性胶粘剂、水性处理剂必须有总挥发性有机化合物（TVOC）和游离甲醛含量检测报告；溶剂型涂料、溶剂型胶粘剂必须有总挥发性有机化合物（TVOC）、苯、游离甲苯二异氰酸酯（TDI）（聚氨酯类）含量检测报告，并符合设计要求和规范规定。

b. 建筑材料和装修材料的检测项目不全或对检测结果有疑问时，必须将材料送有资格的检测机构进行检测，检验合格后方可使用。

c. 民用建筑工程室内装修所采用的稀释剂和溶剂，严禁使用苯、工业苯、石油苯、重质苯及混苯。

d. 严禁在民用建筑工程室内用有机溶剂清洗施工用具。

e. 民用建筑工程所用建筑材料和装修材料的类别、数量和施工工艺等，应符合设计要求和现行规范的有关规定。

③施工现场经常有专人洒水，防止扬尘。进入现场的水泥、白灰全部入库存放。

问题：

1）在装饰装修施工中，哪些部位严禁擅自改动？

2）针对装饰工程特点，你认为在施工过程中对哪类有害物质进行控制？

3）装饰装修施工用电必须遵守《施工现场临时用电安全技术规范》（JGJ 46—2005），针对强制性条文，在临时用电安全方面是否有补充？

4）对装饰装修工程，施工现场对易燃易爆材料有哪些安全管理要求？

（2）背景材料：某装饰装修公司承担了某宾馆的室内、外装饰装修工程，该工程结构形式为钢筋混凝土框架结构，地上10层、地下1层。施工项目包括围护墙砌筑、抹灰、制作吊顶、地砖地面、门窗、涂饰、木作油漆和幕墙等。为运送施工材料，室外装有一部卷扬机。检查时发现，操作卷扬机的机工没在，而由一名工人正在操作机械运送一名工人和一车砂子上楼。施工单位在现场的消防通道处堆放了一些施工材料，如水泥、饰面砖等，现场消防通道宽度为2 m，以供人通行；临时供电采用三级配电二级保护，采用漏电保护开关，设置分段保护，合闸（正常）供电的配电箱未上锁，在现场临时照明用电为220 V。而在室外脚手架上做玻璃幕墙骨架焊接的一名操作人员，既无用火证又无操作证；在木门加工处正在使用的电锯无防护罩。

问题：根据以上叙述，指出施工单位在现场安全生产方面存在哪些问题？

6.8 建筑装饰装修项目风险管理

在一个项目的寿命周期内，它要经过不同的阶段，每个阶段由于项目参与各方的不同管理方法及参与各方利益的不同，项目各类资源管理的不同，使得项目的风险难以预测，因此，如何进行有效的风险管理就显得尤为重要。

在建筑装饰装修项目施工管理中，主动发现风险的范围，对风险进行有效的识别，进行正确的评估，正确选取对策进行风险的控制，以此提高项目风险管理的效率，是进行项目管理的一个重要手段。

6.8.1 项目风险管理概述

1. 风险、风险量的概念

（1）风险。风险指的是损失的不确定性，对建设装饰装修工程项目管理而言，风险是指可能出现的影响项目目标实现的不确定因素。

（2）风险量。风险量指的是不确定的损失程度和损失发生的概率。若某个可能发生的事件，其可能的损失程度和发生的概率都很大，那么其风险量就很大。

（3）项目风险。在企业经营和项目施工过程中存在大量的风险因素，如自然风险、政治风险、经济风险、技术风险、社会风险、国际风险、内部决策与管理风险等。风险具有客观存在性、不确定性、可预测性、结果双重性等特征。工程承包事业是一项风险事业，承包人和项目经理要面临一系列的风险，必须在风险面前作出决策。决策正确与否，与承包人对风险的判断和分析能力密切相关。

项目的一次性特征使其的不确定性要比一般的经济活动大许多，也决定了其不具有重复性，项目所具有的风险补偿机会，一旦出现问题则很难补救。项目多种多样，每一个项目都有各自的具体问题，但有些问题却是很多项目所共有的。

2. 建筑装饰装修工程施工风险的类型

建筑装饰装修工程项目的风险包括项目决策的风险和项目实施的风险。项目决策的风险主要集中在项目实施前的装饰工程承揽意向和招标投标技巧取舍的阶段。项目实施的风险主要包括设计的风险、施工的风险，以及材料、设备和资源的风险等。图 6-10 所示为建筑装饰装修工程项目的风险分类。项目风险的分类方法较多，就构成风险的因素可进行如下分类。

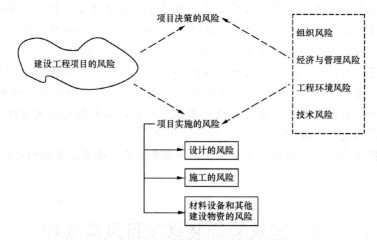

图 6-10　建筑装饰装修工程项目的风险分类

（1）组织风险。

1）承包商管理人员和一般技工的知识、经验和能力；

2）施工机具操作人员的知识、经验和能力等；

3）损失控制和安全管理人员的知识、经验和能力等。

（2）经济与管理风险。

1）装饰工程资金供应条件；

2）现场与公用防火设施的可用性及其数量；

3）合同风险；

4）事故防范措施与计划；

5）人身安全控制计划；

6）信息安全控制计划等。

（3）装饰工程环境风险。

1）自然灾害；

2）工程地质条件和水文地质条件；

3）气象条件；

4）火灾和爆炸的因素等。

（4）技术风险。

1）装饰工程技术文件；

2）装饰工程施工方案；

3）装饰工程物资；

4）装饰工程机具等。

在进行建筑装饰装修施工组织设计的编写时，要注意根据现行装饰装修项目的特点，有针对性地找出建筑装饰装修施工风险的类型，对其进行合理分析，为下一环节的施工风险管理做准备。

3. 风险的基本性质

（1）风险的客观性。首先，风险的客观性表现在它的存在方式是不以人的意志为转移的。从根本上说，这是因为决定风险的各种因素对风险主体是独立存在的，无论风险主体是否意识到风险的存在，在一定的条件下仍有可能变为现实。其次，还表现在风险是无时不有、无所不在的，它存在于人类社会的发展过程之中，潜藏于人类从事的各种活动之中。

（2）风险的不确定性。风险的不确定性是指风险的发生是不确定的，即风险的程度有多大、风险何时何地有可能转变为现实均是不确定的。这是由于人们对客观世界的认识受到各种条件的限制，不可能准确预测风险的发生。

风险的不确定性要求人们运用各种方法，尽可能地对风险进行测度，以便采取相应的对策规避风险。

（3）风险的不利性。风险的不利性一旦产生，就会使风险主体产生挫折、损失，甚至失败，这对风险主体是极为不利的。风险的不利性要求人们在承认风险、认识风险的基础上，做好决策，尽可能地避免风险，将风险的不利性降至最低。

（4）风险的可变性。风险的可变性是指在一定条件下风险可以转化。

（5）风险的相对性。风险的相对性是针对风险主体而言的，即使在相同的风险情况下，不同的风险主体对风险的承受能力也有所不同。

（6）风险同利益的对称性。风险同利益的对称性是指对风险主体来说，风险和利益必然同时存在，即风险是利益的代价，利益是风险的报酬。一方面，如果没有利益而只有风险，那么谁也不会去承担这种风险；另一方面，为了实现一定的利益目标，必须以承担一定的风险为前提。例如，普通股风险大而收益大，优先股风险小而收益小。

6.8.2　项目风险识别

风险识别的任务是识别施工全过程存在的风险。其工作流程如下：

（1）收集与施工风险有关的信息。从项目整体和详细的范围两个层次对项目计划，项目假设条件和约束因素、以往项目的文件资料审核中识别风险因素，收集相关信息。信息收集整理的主要方法有以下几种：

1）头脑风暴法。头脑风暴（Brain Storming，简称 BS）法，是一种特殊形式的小组会。它规定了一定的特殊规则和方法技巧，从而形成了一种有益于激励创造力的环境氛围，使与会者能自由畅想，无拘无束地提出自己的各种构想、新主意，并因相互启发、联想而引起创新设想的连锁反应，通过项目方式去分析和识别项目风险。

2）德尔菲法。德尔菲法（Delphi 法）是邀请专家匿名参加项目风险分析识别的一种方法。

3）访谈法。访谈法是通过对资深项目经理和相关领域的专家进行访谈，对项目风险进行识别。

4）SWOT 技术。SWOT 技术是运用项目的优势与劣势、机会与威胁，从各方面、多视角对项目风险进行识别，也就是企业内外情况对照分析法。它是将外部环境中的有利条件（机会 Opportunities）和不利条件（威胁 Threats），以及企业内部条件中的优势（Strengths）和劣势（Weaknesses）分别记入一个"田"字形的表格，然后对照利弊优劣，进行经营决策，见表 6-12。

表 6-12　企业内外环境对照表

内部条件 外部条件	优势（S）	劣势（W）
机会（O）	SO 战略方案 （依靠内部优势，利用外部机会）	WO 战略方案 （利用外部机会，客服内部劣势）
威胁（T）	ST 战略 （利用内优势，赶开外部威胁）	WT 战略方案 （减少内部劣势，回避外部威胁）

（2）确定风险因素。风险识别后，将识别后的因素进行归类，整理出结果，写成书面文件。为风险分析的其余步骤和风险管理做准备，规范化的文件有如下内容：

1）项目风险表。项目风险表又称项目风险清单，可将已识别出的项目风险列入表内，其内容应该包括以下几项：

①已识别项目风险发生概率大小的估计；

②项目风险发生的可能时间、范围；

③项目风险事件带来的损失；

④项目风险可能影响的范围。

项目风险表还可以按照项目风险的紧迫程度、项目费用风险、进度风险和质量风险等类别单独做出风险排序和评价。

2）风险的分类或分组。找出风险因素后，为了在采取控制措施时能分清轻重缓急，故需要对风险进行分类或分组。例如，对于常见的建设项目，可将风险按项目建议书、融资、设计、设备订货、施工及运营阶段分组，也可对风险因素划定一个等级。通常，按事故发生后果的严重程度划分风险等级。

一级：后果小，可以忽略，可以不采取措施。

二级：后果较小，暂时还不会造成人员伤亡和系统损坏，应考虑采取控制措施。

三级：后果严重，会造成人员伤亡和系统损坏，需要立即采取控制措施。

四级：灾难性后果，必须立刻予以排除。

（3）编制施工风险识别报告。在现行很多装饰装修项目的管理中，风险识别的报告都以表格的形式出现，大型的装饰公司还会以近几年的装饰装修工程中出现频率较多的风险因素进行系统归纳整理，形成台账，以备后续类似项目使用。

6.8.3 项目风险评估

1. 风险评估的概念

风险评估是项目风险管理的第二步。项目风险评估包括风险估计和风险评价两个内容。

（1）风险估计的对象是项目的各单个风险，非项目整体风险。风险估计的目的有：加深对项目自身和环境的理解；进一步寻找实现项目目标的可行方案；务必使项目所有的不确定性和风险都经过充分、系统而又有条理的考虑，明确不确定性对项目其他各个方面的影响；估计和比较项目各种方案或行动路线的风险大小，从中选择出威胁最少、机会最多的方案或行动路线。

（2）风险评价将注意力转向包括项目所有阶段的整体风险，各风险之间的相互影响、相互作用及对项目的总体影响，项目主体对风险的承受能力上。

2. 风险分析

风险分析方法包括估计方法与风险评价方法。这些方法又可分为定量方法与定性方法。这里主要介绍几种定量分析方法。

一般来说，完整而科学的风险评估应建立在定性风险分析与定量风险分析相结合的基础之上。定量风险分析过程的目标是量化分析每一风险的概率及对项目目标造成的后果，同时，也分析项目总体风险程度。

（1）盈亏平衡分析。盈亏平衡分析又称量本利分析或保本分析，是研究企业经营中一定时期的成本、业务量（生产量或销售量）和利润之间的变化规律，从而对利润进行规划的一种技术方法。

（2）敏感性分析。项目风险评估中的敏感性分析是通过分析预测有关投资规模、建设工期、经营期、产销期、产销量、市场价格和成本水平等主要因素的变动对评价指标的影响及影响程度。一般是考察分析上述因素单独变动对项目评价的主要指标净现值和内部收益率的影响。

（3）决策树分析。决策树法因解决问题的工具是"树"而得名。其分析程序如下：

1）绘制决策树图。决策树结构如图 6-11 所示。从图中可以看出，决策树的要素可分为决策节点、方案枝、自然状态节点、概率枝和损益值五点。从决策节点引出来的都是方案枝；从自然状态节点引出的都是状态枝（或称概率枝）。

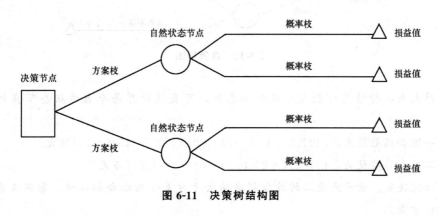

图 6-11 决策树结构图

画决策树图时，实际上是拟订各种决策方案的过程，也是对未来可能发生的各种自然状况进行思考和预测的过程。

2）预计将来各种情况可能发生的概率。概率数值可以根据经验数据来估计或依靠过去的历史资料来推算，还可以采用先进的预测方法和手段进行。

3）计算每个状态节点的综合损益值。综合损益值也称综合期望值（MV），是用来比较各种抉择方案结果的一个准则。损益值只是对今后情况的估计，并代表一定要出现的数值。根据决策问题的要求，可采用最小损失值，如成本最小、费用最低等，也可采用量大收益值，如利润最大、节约额最大等。其计算公式如下：

$$MV(i) = （损益值 \times 概率值） \times 经营年限 - 投资额$$

4）择优决策。比较不同方案的综合损益期望值，进行择优，确定决策方案。将决策树形图上舍弃的方案枝画上删除号，剪掉。

【例 6-1】　在装饰装修施工现场采用天然石材进行办公楼内的地面铺贴，有两种采购方案：一是在原产地进行采购，价格及成本偏低，但运输损耗风险较大；二是在本地进行采购，成本偏高，运输以及保管费用较好拉制。采购的时间为 3 个月，根据实际的工程量和可选工期，方案一需投入 15 万元，方案二需投入 8 万元。两个方案的每月损益值及各相关方能够选取的概率见表 6-13。

表 6-13　概率表

状态	概率	方案一损益值	方案二损益值
采购顺利	0.7	10 万元	5 万元
采购不顺利	0.3	−2 万元	2 万元

解：

（1）绘制决策树图，如图 6-12 所示。

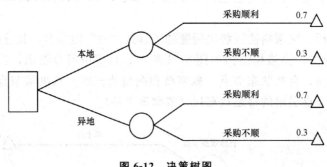

图 6-12　决策树图

（2）因未来各种情况可能发生的概率已知，可直接计算每个自然状态节点的综合损益值。

方案一综合损益值为：［10×0.7＋（−2）×0.3］×3−15＝4.2（万元）

方案二综合损益值为：（5×0.7＋2×0.3）×3−8＝4.3（万元）

（3）择优决策。由于方案二的综合损益值大于方案一的综合损益值，若不考虑其他因素，应选用方案二。

除上述风险评估方法外，还有非确定型决策分析法、层次分析法、网络模型（包括CPM、PERT、CERT）等。

3. 风险评估的工作内容

（1）利用已有数据资料（主要是类似项目有关风险的历史资料）和有关专业方法分析各类风险因素发生的概率。

（2）分析各种风险的损失量，包括可能发生的工期损失、费用损失，以及对装饰工程的质量、装饰使用功能和使用效果等方面的影响。

（3）根据各种风险发生的概率和损失量，确定各种风险的风险量和风险等级。

6.8.4 项目风险响应与控制

1. 项目风险响应

常用的风险对策包括风险规避、自留、转移、损失控制及分散等策略。

（1）规避风险。规避风险是指项目组织在决策中回避高风险的领域、项目和方案，进行低风险选择。

（2）自留风险。自留风险又称承担风险，是由项目组织自己承担风险事故所致损失的措施。

（3）转移风险。转移风险是指将组织或个人项目的部分风险或全部风险转移到其他组织或个人。对难以控制的风险，向保险公司投保属于风险转移。

（4）损失控制。损失控制是指损失发生前消除损失可能发生的根源，并减少损失事件的频率，在风险事件发生后减少损失的程度。损失控制的基本点在于消除风险因素和减少风险损失。

（5）分散风险。项目风险的分散是指项目组织通过选择合适的项目组合，进行组合开发创新，使整体风险得到降低。

项目风险响应指的是针对项目风险的对策进行风险响应。项目风险对策应形成风险管理计划包括以下几项：

1）风险管理目标；

2）风险管理范围；

3）可使用的风险管理方法、工具以及数据来源；

4）风险分类和风险排序要求；

5）风险管理的职责和权限；

6）风险跟踪的要求；

7）相应的资源预算。

2. 风险控制的工作内容

在施工进展过程中应该同步收集和分析有关的各类信息，预测可能发生的风险，对其进行监控并提出预警。表6-14就是在建筑装饰装修施工进程中对危险源进行风险控制的一项清单。

表 6-14　项目部危险源清单

风险、危险源	过程、活动、人、管理组合
高空坠落	1. 施工人员在脚手架（室内、室外）处施工 2. 施工人员在门式移动脚手架处施工 3. 施工人员在架梯上施工 4. 四口（电梯口、楼梯口、预留洞口、通道口），五临边（窗台边、楼板边等）的防护
物体打击	1. 室内脚手架、架梯、移动脚手上机具和物料的坠落 2. 室外脚手架、移动脚手上机具和物料的坠落 3. 高处向下投掷和垃圾抛掷产生的物体坠落 4. 四口（电梯口、楼梯口、预留洞口、通道口），五临边（窗台边、楼板边等）的物体坠落
机具伤害	1. 手持电动机具（电钻、冲击钻、钢材切割机、石材切割机等）施工时机具伤害 2. 木工机具（圆盘、挖孔机等）施工时的机具伤害 3. 空压机、电焊机等机具设备施工时的机具伤害
触电	1. 施工用电（线路、配电箱等）造成的触电 2. 空压机、电焊机、手持电动机具造成的触电 3. 带电作业、雷电等造成的触电
大灾和爆炸	1. 电焊作业、气焊作业造成的火灾 2. 易燃易爆材料的燃烧造成的火灾 3. 易燃易爆物品造成的爆炸 4. 明火作业造成的火灾 5. 线路超负荷用电造成的火灾 6. 禁烟区域杜绝吸烟

✎ 实训训练

实训目的：熟练掌握项目风险的类型及管理流程。

实训题目：

(1) 在建设装饰装修工程项目风险管理过程中，风险识别的工作有（　　）。

    A. 确定风险因素　　　　　　　　　B. 收集与施工风险相关的信息

    C. 分析各种风险的损失量　　　　　D. 分析各种风险因素发生的频率

    E. 编制施工风险识别报告

(2) 根据《建设工程项目管理规范》（GB/T 50326—2017），对于预计后果为中度损失和发生可能性为中等的风险，应列为（　　）等风险。

    A. 2　　　　　　　　B. 4　　　　　　　　C. 5　　　　　　　　D. 3

(3) 在施工风险管理过程中，属于风险识别工作的是（　　）。

    A. 分析风险发生概率　　　　　　　B. 确定风险管理目标

    C. 确定风险因素　　　　　　　　　D. 预测风险成本

(4) 下列建设装饰工程施工风险的因素中，属于技术风险因素的有（　　）。

    A. 承包商管理人员的能力　　　　　B. 装饰工程设计文件

    C. 装饰工程施工方案　　　　　　　D. 装饰合同风险

E. 装饰工程机械

（5）对建设装饰工程项目管理而言，风险是指可以出现的影响项目目标实现的（   ）。

A. 不确定因素   B. 错误决策

C. 不合理指令   D. 设计变更

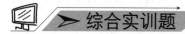 综合实训题

（1）任务书。案例背景：某高档别墅建筑面积约为 700 m²，共 3 层，分别为地下 1 层、地上 2 层。3 层的功能分区平面布置图及部分楼层的天花平面图、地面铺装图等见附图，其他楼层及空间部分的装修方案，任课教师可指定做法。

1）将学生 3~4 人划分为一个小组。

2）设置地面、天花、墙柱面的多种装修方案，由小组抽签选择，随机确定某个空间的具体装修做法。

3）小组成员共同完成该案例的施工组织文件的编写。

（2）指导书。可参照以下目录完成此次实训，实训时注意编写内容要与所选的具体装修方案一致。

施工组织设计目录

一、工程概况及编制依据

二、施工部署及安排

三、施工方案及技术措施

四、质量保证措施及质量控制措施

五、施工总进度计划及保证措施

六、施工安全措施计划

七、文明施工措施计划

八、施工环保措施计划

九、冬期和雨期施工方案

十、施工现场总平面布置

十一、材料计划和劳动力计划

十二、成品保护的管理措施

十三、紧急情况的处理措施和预案

十四、招标文件规定的其他内容

参 考 文 献

[1] 朱治安，顾建平．建筑装饰施工组织与管理［M］．天津：天津科学技术出版社，2005．

[2] 田永复．怎样编制施工组织设计［M］．北京：中国建筑工业出版社，1999．

[3] 赵铁生．全国监理工程师执业资格考试题库与案例［M］．天津：天津大学出版社，2002．

[4]《建筑工程管理与实物复习题集》编委会．建筑工程管理与实物复习题集［M］．北京：中国建筑工业出版社，2011．

[5] 朱希斌，彭纪俊．装饰工程施工组织设计实例应用手册［M］．北京：中国建筑工业出版社，2005．

[6] 危道君．建筑装饰施工组织与管理［M］．2 版．北京：化学工业出版社，2016．